新加坡数学

提高版 (上)

开心课堂

新加坡艾尔斯顿教育出版社　主编　[新加坡] 李慧恩　著

大眼鸟　译

U0359053

台海出版社

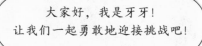

嘿，我是米米！很开心可以和大家一起学习！

大家好，我是牙牙！让我们一起勇敢地迎接挑战吧！

大家好，我是珠珠！让我们一起在数学的海洋中遨游！

数学真有趣！它不仅能帮助人们解决生活中遇到的各种问题，还能让人们对身边发生的事情有更加深入的思考。

本系列是专门为3—12岁孩子量身定制的数学启蒙读物，为孩子展现了一个美妙而奇特的数学世界。这套书在设计上注重培养孩子主动学习的意识，着力于让孩子以互动的方式进行阅读和学习。这套书的每本分册都包含不同的主题，每个主题都由生动活泼的小动物带领着孩子一起进入，按照"具象化→形象化→抽象化"的学习路径，帮助孩子系统地掌握数学知识。我们坚信，只有让孩子找到学习数学的乐趣，他们才能更好地识记、理解和运用各种数学知识。

现在让我们跟随牙牙、珠珠和米米一起去神奇的数学世界冒险吧！

怎样使用这本书

本章引言

引言中的问题和场景帮助孩子将主题与现实生活联系起来。

学一学

介绍了重要的数学概念，帮助孩子夯实基础。

练一练

通过简洁的说明和示例，引出丰富的活动和练习，让孩子能够灵活运用所学概念。

挑战一下

这个部分的问题难度更大一些，可以帮助孩子挖掘自身潜力。

复习一下

帮助孩子及时回顾学过的概念。

总结一下

每一章结束后，会带着孩子回顾和总结本章的学习内容，帮助孩子再次巩固学过的知识。

想一想！

提出问题引导孩子进行思考，帮助孩子运用学过的概念来完成各项任务。

你知道吗？

介绍了与主题相关的小知识，帮助孩子拓宽知识面，提高孩子学习数学的兴趣。

目录
CONTENTS

本册内容结构表

学习领域	学习主题	主要知识点	第1章	第2章	第3章	第4章	第5章	第6章	第7章	第8章	第9章	第10章	第11章	第12章
数与运算	数的认识	10000以内数的认识	✓											
		分数的基本性质							✓					
	数的运算	10000以内的加法		✓										
		1000以内的减法			✓									
		乘法					✓							
		除法						✓						
		分数的乘法							✓					
图形与几何	图形的认识	线段和曲线				✓								
		观察立体图形				✓								
	图形的运动	对称轴和轴对称图形				✓								
	测量	厘米和米								✓				
		克和千克								✓				
		毫升和升								✓				
	位置与方向	东、西、南、北											✓	
统计	图表	从条形统计图中收集数据												✓
		将数据整理成条形统计图												✓
综合与实践	时间	认读钟表上的时间									✓			
		分钟和小时的换算									✓			
		月、周、天									✓			
	货币	认识更大面额的纸币										✓		
		货币的计算										✓		

第1章

10000以内的数
你认识10000以内的数吗？

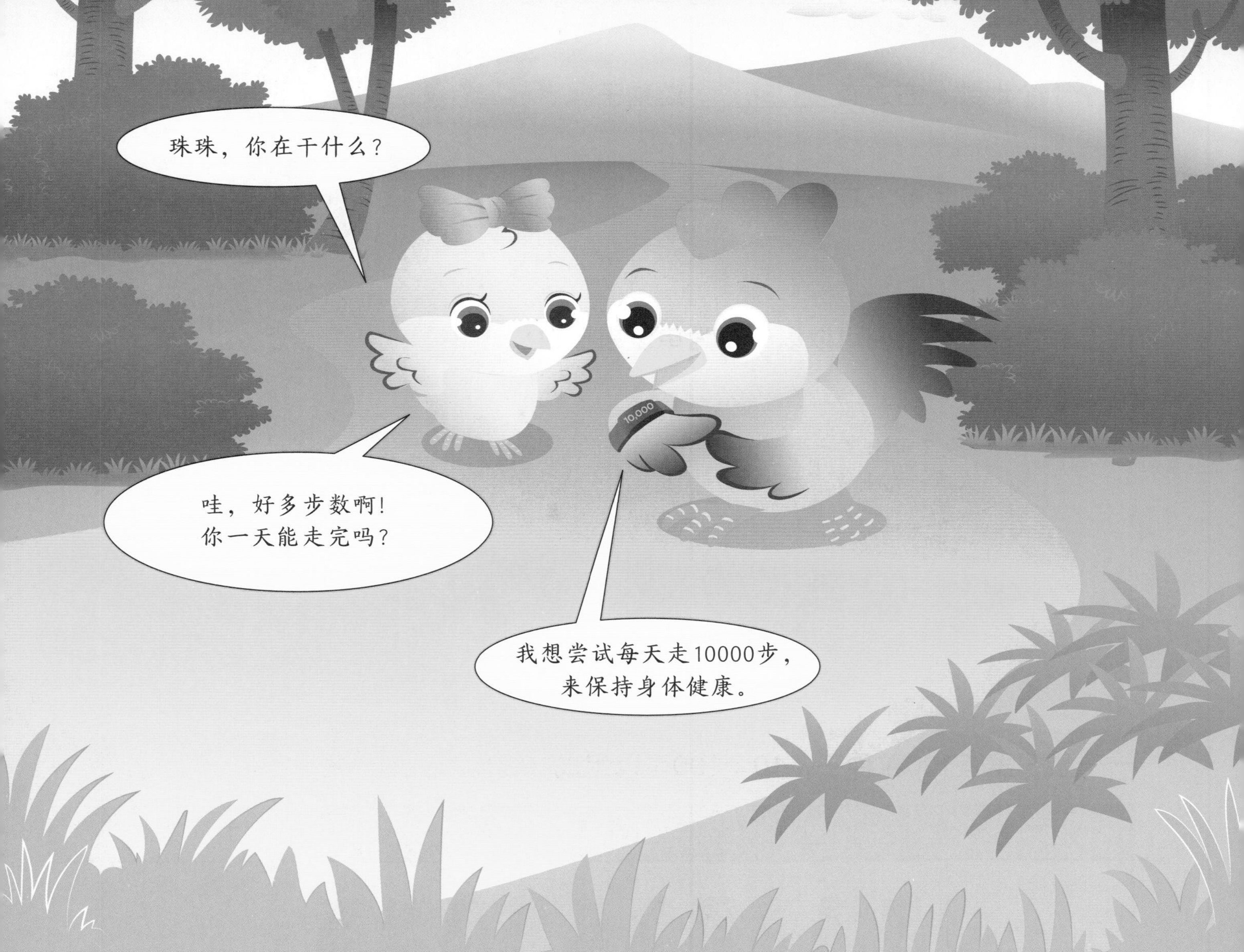

珠珠，你在干什么？

哇，好多步数啊！你一天能走完吗？

我想尝试每天走10000步，来保持身体健康。

珠珠计划一天走多少步？你觉得是多还是少？

你能数到10000吗？怎么数？

学习目标

· 认、读、写10000以内的数，知道它们的汉字写法

· 用数位数到10000

· 10000以内的数字规律

5000以内的数

一个一个地数，右边有＿＿＿＿＿＿＿粒种子。

十个十个地数，右边有＿＿＿＿＿＿＿粒种子。

一百个一百个地数，右边有＿＿＿＿＿＿＿粒种子。

对于较大的数，我们可以以一千为单位来数数！

> 我又带来了一些种子！
> 大家一起种更多的树吧！

一个袋子里有100粒种子，10个100可以组成1000。

千	百										十	个
	100	100	100	100	100	100	100	100	100	100		

在本章中每个篮子里有1000粒种子。1000是由1个千，0个百，0个十和0个一组成。

千	百	十	个

接下来我们一起来看看怎样一千个一千个地数吧！

我们把千位上的数乘1000就是这个数所在数位上的位值。在书写时一个简单的方法就是在千位上的数后面写3个0。

种子	数量	读作
	1000	一千
	2000	二千
	3000	三千
	4000	四千
	5000	五千

练一练

我有点儿累了！大家帮我看看到目前为止我们种了多少粒种子吧！

1 数一数，填一填，完成算式。

	千	百	十	个	写作
	1	3	6	9	1369
算式	1000 + 300 + 60 + 9 = 1369				

	千	百	十	个	写作
算式					

	千	百	十	个	写作
算式					

	千	百	十	个	写作
算式					

2 数一数，填一填，完成表格。

千	百	十	个	写作
2	5	4	7	2547

读作：二千五百四十七

千	百	十	个	写作

读作：

千	百	十	个	写作

读作：

千	百	十	个	写作

读作：

3 请仿照示例读数。

示例   1020：一千零二十

1348：＿＿＿＿＿＿＿＿＿＿＿＿＿＿＿＿＿＿＿＿＿＿＿＿＿＿＿＿＿＿
＿＿＿＿＿＿＿＿＿＿＿＿＿＿＿＿＿＿＿＿＿＿＿＿＿＿＿＿＿＿＿＿＿＿

3172：＿＿＿＿＿＿＿＿＿＿＿＿＿＿＿＿＿＿＿＿＿＿＿＿＿＿＿＿＿＿
＿＿＿＿＿＿＿＿＿＿＿＿＿＿＿＿＿＿＿＿＿＿＿＿＿＿＿＿＿＿＿＿＿＿

4496：＿＿＿＿＿＿＿＿＿＿＿＿＿＿＿＿＿＿＿＿＿＿＿＿＿＿＿＿＿＿
＿＿＿＿＿＿＿＿＿＿＿＿＿＿＿＿＿＿＿＿＿＿＿＿＿＿＿＿＿＿＿＿＿＿

学一学

10000以内的数

种子	数量	读作
	6000	六千
	7000	七千

种子	数量	读作
	8000	八千
	9000	九千
	10000	一万

练一练

1 数一数，填一填，完成表格。

	千	百	十	个	写作

1000

100   10   1

读作:

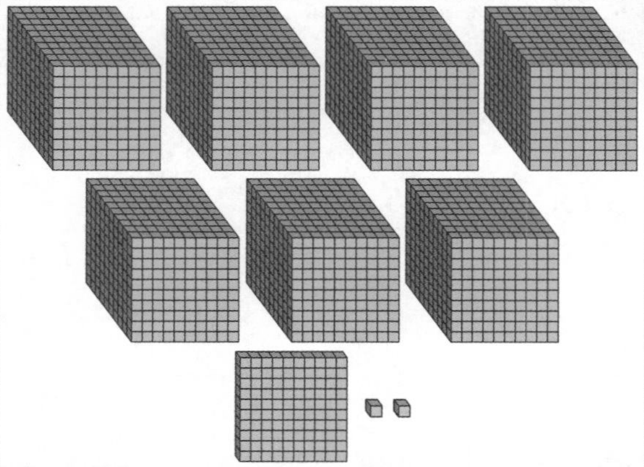

千	百	十	个	写作

读作：

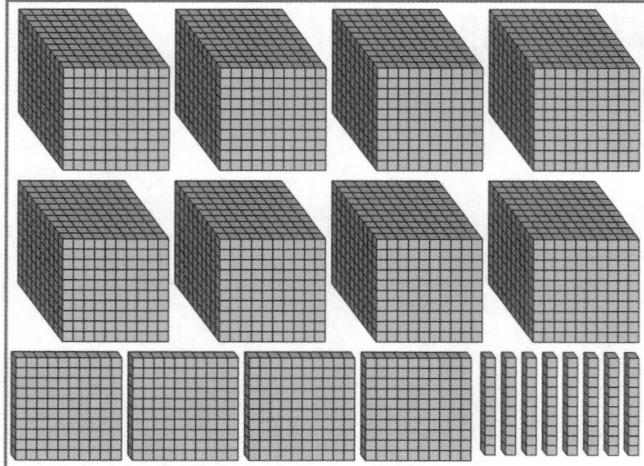

千	百	十	个	写作

读作：

2 请写出下面各组数。

八千二百六十五　　_____

五千九百二十　　_____

七千三百零二　　_____

九千零八十七　　_____

挑战一下

读一读，解开下列数字谜题。

1 珠珠想到了一个三位数。

    ·这个数百位上的数是3。

    ·十位上的数比百位上的数大5。

    ·个位上的数是0。

这个数是_____。

2 牙牙也想到了一个三位数。

    ·这个数个位上的数是5的倍数。

    ·十位上的数比个位上的数小3。

    ·百位上的数比个位上的数大4。

这个数是_____。

3 米米想到了4个数，并把它们写了下来。

7，9，1，4

把数按从小到大递增的顺序
排列叫作升序排列。
把数按从大到小递减的顺序
排列叫作降序排列。

    ·如果米米将最小的数和最大的数相加，

    会得到哪个数？_____

    ·米米可以用这4个数组成的最大的

    四位数是多少？_____

    ·米米可以用这4个数组成的最小的

    四位数是多少？_____

4 甜甜想到了4个数，并把它们写了下来。

0, 6, 2, 1

· 甜甜可以用这4个数组成的最大的四位数是多少？＿＿＿＿＿

· 甜甜可以用这4个数组成的最小的四位数是多少？＿＿＿＿＿

复习一下

请根据给出的数，按规律填空。

晚餐时间到了！

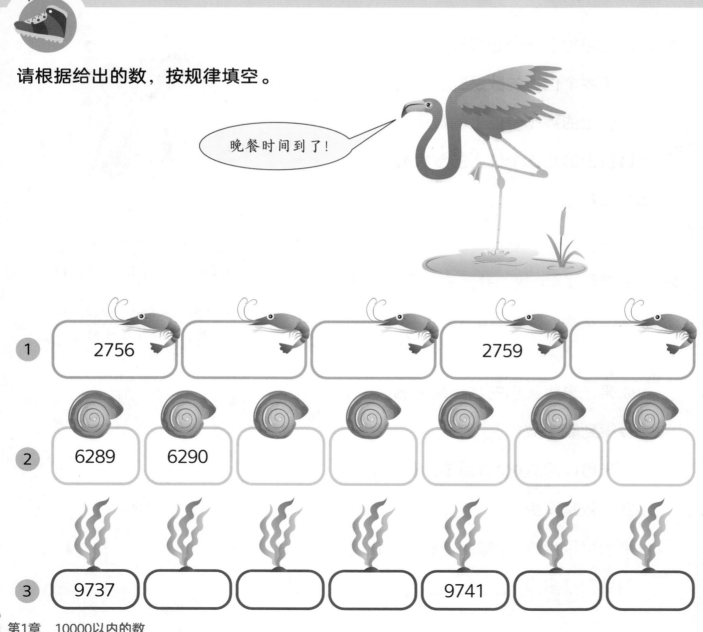

1 | 2756 | | | 2759 | |

2 | 6289 | 6290 | | | | | |

3 | 9737 | | | | 9741 | | |

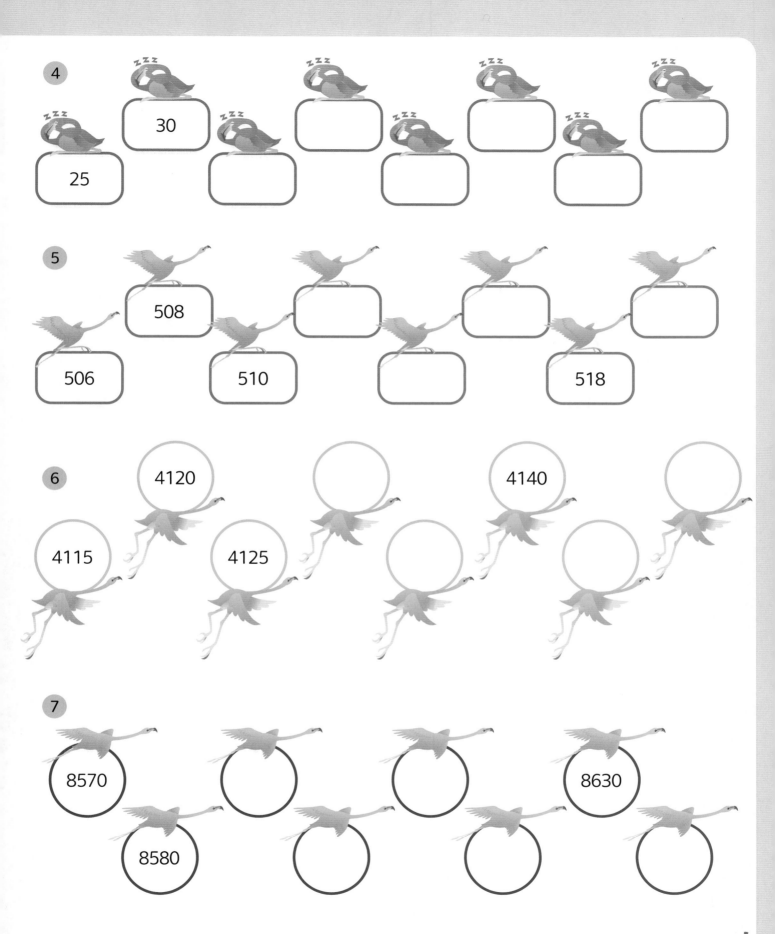

总结一下

这一章学完了，感觉怎么样？圈出你的感受吧！

你觉得这一章的内容_____。（圈一圈）

简单　　　　　　　　正常　　　　　　　有难度

你认识10000以内的数吗？（请写一写）

你能读出10000以内的数吗？

7685读作：

你能找出10000以内的数的规律吗？

第2章

加 法

怎样进行10000以内的加法运算？

刚刚发车的那列火车已经满员了！车上一共有1719名乘客。

这列火车上有1094名乘客。

两列火车上一共有多少名乘客？

你能用汉字表示这个数吗？

学习目标

· 用数位做10000以内的加法

· 10000以内的进位加法

· 运用10000以内的加法解决实际问题

5000以内的加法

请把下面的数相加，需要的时候进位。

百	十	个
6	7	1
+ 2	2	2

百	十	个
4	4	1
+ 5	1	7

百	十	个
5	5	7
+ 2	3	7

百	十	个
7	0	9
+ 2	6	6

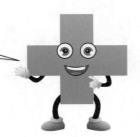

我们来试试更大的数吧！
下面是四位数。

请写出每个数所代表的值。

千	百	十	个
4	3	6	9
值 4 × 1000 = 4000			

请写出下面的数的汉字写法。

4369 _____

_____

练一练

请把下面的数相加，需要的时候进位。

千	百	十	个
1	0	6	7
1	0	3	1

(左侧加号 +)

千	百	十	个
1	1	9	2
	5	0	6

(左侧加号 +)

千	百	十	个
2	2	7	1
		1	8

(左侧加号 +)

千	百	十	个
2	8	8	4
1	0	1	3

(左侧加号 +)

记住，如果某一位的数相加后大于9，我们就必须要向前进位。

千	百	十	个
2	1	5	8
2	4	0	9

(左侧加号 +)

千	百	十	个
3	2	2	5
	7	0	7

(左侧加号 +)

千	百	十	个
1	8	4	6
3	1	4	8

(左侧加号 +)

千	百	十	个
4	3	2	7
	3	6	4

(左侧加号 +)

10000以内的加法

我们之前学习了怎样把个位上的数相加然后进位。接下来我们来学习一下如何把十位上的数相加然后进位。

求5566加1268的和。

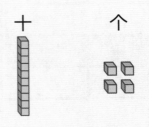

6个一+8个一=14个一。

14个一=1个十和4个一。

十　　　个

进1个十到十位。

6个十+6个十+1个十=13个十。

第1步和第2步：

先将个位上的数相加，进1个十到十位。

再将十位上的数相加。

	千	百	十	个
	5	5	6	6
+	1	2	6₁	8
			3	4

第3步：

进1个百到百位。

然后将百位上的数相加。

	千	百	十	个
	5	5	6	6
+	1	2₁	6₁	8
	8	3	4	

（8 3 4）

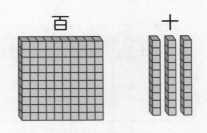

13个十=1个百和3个十。

百　　　十

进1个百到百位。

5个百+2个百+1个百=8个百。

第4步：

将千位上的数相加。

	千	百	十	个
	5	5	6	6
+	1	2₁	6₁	8
	6	8	3	4

5个千+1个千=6个千。

练一练

请把下面的数相加，需要的时候进位。

千	百	十	个
3	2	3	3
+	2	9	9

千	百	十	个
1	7	1	4
+ 2	1	8	6

千	百	十	个
2	5	2	0
+ 2	3	8	9

千	百	十	个
7	3	7	8
+ 1	5	7	4

千	百	十	个
9	4	5	6
+	3	5	8

千	百	十	个
5	8	9	9
+ 3	0	1	1

挑战一下

1 请从下列数中任意选择3个数相加。

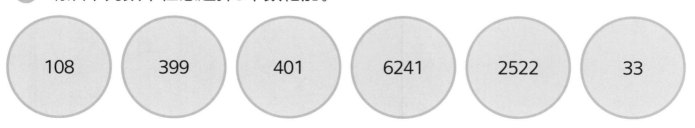

108   399   401   6241   2522   33

| | + | | + | | = | |

再任意选3个数相加。

☐ + ☐ + ☐ = ☐

☐ + ☐ + ☐ = ☐

② 请从下列数中任意选择3个数相加。

(6281)　(373)　(449)　(52)　(1109)　(2028)

☐ + ☐ + ☐ = ☐

再任意选3个数相加。

☐ + ☐ + ☐ = ☐

☐ + ☐ + ☐ = ☐

在前往城市的途中都能看到什么？
我们一起数一数、加一加吧！

请根据题意写出加法算式，解决下列实际问题。

1 珠珠和甜甜在茶园中数茶树。珠珠数了2046行，甜甜数了388行。他们一

共数了多少行茶树？

$$\boxed{} + \boxed{} = \boxed{} \text{（行）}$$

他们一共数了_____行茶树。

2 下午的时候湖边一共有4550名游客。到了晚上，又有2185名游客来到湖边。下午和晚上一共有多少名游客来到湖边？

$$\boxed{} + \boxed{} = \boxed{} \text{（名）}$$

下午和晚上一共有＿＿＿＿＿名游客来到湖边。

3 珠珠和朋友们看到了一些高楼大厦。

那座摩天大楼叫"牵牛星"。它的高度是240米。

中间的建筑是一家酒店。它也非常高，有230米。

那座顶部像莲花的建筑是电视塔。它的高度是356米。

珠珠他们说到的三座建筑物的总高度是多少米？

| | + | | + | | = | | （米） |

珠珠他们说到的三座建筑物的总高度是_____米。

4 珠珠和朋友们经过了两个农场。第一个农场有7269棵果树，第二个农场有1598棵果树。两个农场一共有多少棵果树？

| | + | | = | | （棵） |

两个农场一共有_____棵果树。

这一章学完了，感觉怎么样？圈出你的感受吧！

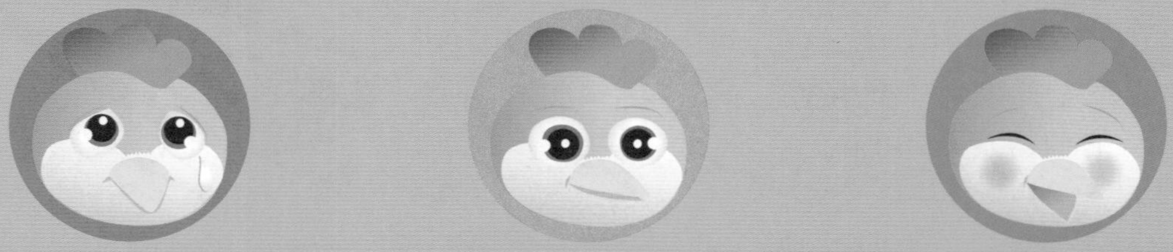

你觉得这一章的内容_____。（圈一圈）

简单　　　　　　　　　正常　　　　　　　　　有难度

你会做10000以内的加法吗？

你会用数位做10000以内的加法吗？

你知道怎样做10000以内的进位加法吗？

计算2325和7179的和。

减 法
你会1000以内的退位减法吗？

珠珠和甜甜比彬彬多花了多少钱买火车票？

学习目标

· 用数位做1000以内的减法

· 1000以内的退位减法

· 运用1000以内的减法解决实际问题

23

500以内的减法

我们来试一下减去更大的数!

完成下列减法。

十	个
6	2
4	2

十	个
9	9
1	6

百	十	个
1	5	4
1	4	1

我们可以将差和减数相加,看看它们的和是否等于被减数,来验算一下得数是否正确。

十	个
4	2

十	个
1	6

百	十	个
1	4	1

练一练

减一减,完成后再通过加法验算一下得数是否正确。

百	十	个
1	3	3
	3	1

百	十	个
2	2	2
1	2	2

百	十	个
3	5	2
3	2	8

验算:

百	十	个
	3	1

百	十	个
1	2	2

百	十	个
3	2	8

1000以内的减法

接下来我们一起学习一下怎样通过退位减法减去更大的数。

223减176等于多少?

```
    百   十   个
    2    2    3
 -  1    7    6
 _____
```

3减6不够减，我们必须从十位退1个十。

第1步：
从十位退1个十。

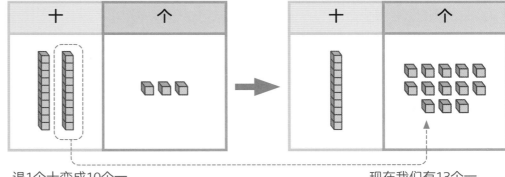

退1个十变成10个一。 现在我们有13个一。

第2步：
个位做减法。

```
    百   十   个
    2    1    1
         2    3
 -  1    7    6
 _____
                7
```

这表示10个一。

现在我们可以减6了!

13-6=_____7_____

再观察一下十位，1减7不够减，我们该怎么办呢?

第3步和第4步：
从百位退1个百，
十位做减法。

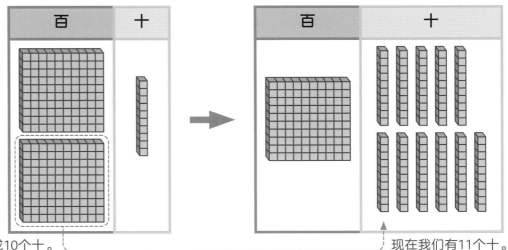

退1个百变成10个十。 现在我们有11个十。

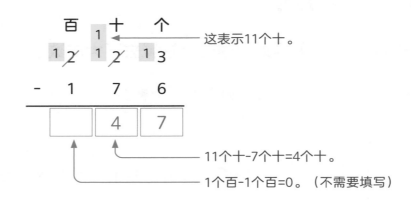

这表示11个十。

11个十−7个十=4个十。

1个百−1个百=0。（不需要填写）

	−		=	

练一练

减一减，需要的时候退位。然后通过加法验算一下得数是否正确。

百	十	个
7	1	1
3	3	7

− 号位于第二行左侧

百	十	个
3	0	3
1	1	8

百	十	个
9	4	6
7	7	9

验算：

百	十	个
3	3	7

百	十	个
1	1	8

百	十	个
7	7	9

减一减，再通过加法验算一下得数是否正确。

1

百	十	个
1	0	0
-	4	4

验算：

百	十	个
	4	4
+		

2

百	十	个
6	0	0
-	5	3

百	十	个
	5	3
+		

3

百	十	个
9	0	0
- 1	7	7

验算：

百	十	个
1	7	7
+		

4

千	百	十	个
1	0	0	0
-		9	8

千	百	十	个
		9	8
+			

请圈出任意3个数。用最大的数减去两个较小的数算出得数。

154   79
743   58   400

➡ –  –  =

复习一下

请根据题意写出减法算式，解决下列实际问题。

真开心能游览这座城市！
我们走吧！

① 时装店有582件衣服在出售，店主卖了399

件，还剩多少件衣服？

$$\boxed{} - \boxed{} = \boxed{} \quad (件)$$

还剩_____件衣服。

② 彬彬带着朋友们来他的学校参观。四年级有女生284名，男生361名。四年级

男生比女生多多少名？

$$\boxed{} - \boxed{} = \boxed{} \quad (名)$$

四年级男生比女生多_____名。

3 波波、彬彬、娜娜和珠珠去看电影。电影院有730个座位，有633名观众。电影院还有多少个空座位？

$$\boxed{} - \boxed{} = \boxed{} \text{（个）}$$

电影院还有_____个空座位。

4 珠珠和朋友们在等车，成人票是315元，儿童票是157元。成人要比儿童多花多少元钱？

$$\boxed{} - \boxed{} = \boxed{} \text{（元）}$$

成人要比儿童多花_____元钱。

总结一下

这一章学完了，感觉怎么样？圈出你的感受吧！

你觉得这一章的内容_____。（圈一圈）

简单　　　　　　　正常　　　　　　　有难度

你会用数位做1000以内的减法吗？ ○

你知道怎样做1000以内的退位减法吗？ ○

计算933减857。

第4章 图形和对称

什么是线段和曲线？

这个长方体的侧面是正方形。

不对，这个长方体的侧面是长方形。

我怎样画线才能得到4个小正方形呢？

为什么娜娜和珠珠看到的图形不同？

波波画的是什么线？甜甜呢？

甜甜怎样画线才能得到4个小正方形？

学习目标

· 线段和曲线

· 从正面、上面、侧面看立体图形

· 给一个图形画出两条对称轴

· 轴对称图形

我们学过平面图形和立体图形，
你还记得吗？

请写出下列图形的名字。

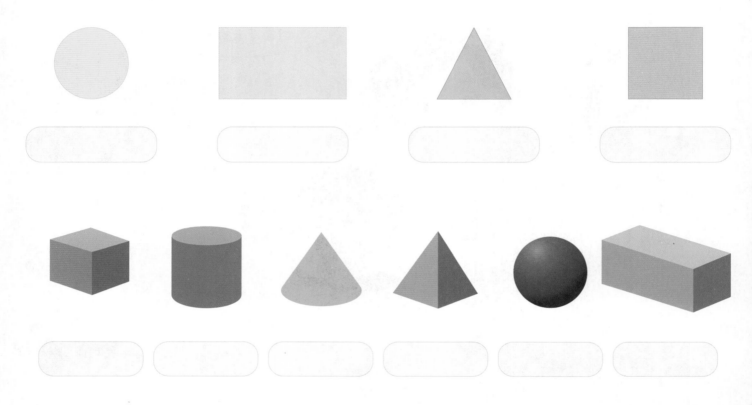

线段和曲线

我们可以在上面的图形中找到线段和曲线。

什么是线段和曲线？

线段看起来是这样的：

请用尺子画一条线段。

曲线是不直的线，看起来是这样的：

请画一条曲线。

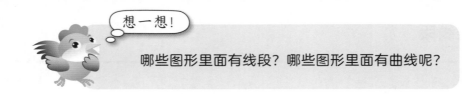

想一想！

哪些图形里面有线段？哪些图形里面有曲线呢？

我们可以根据平面图形中有线段还是有曲线来给它们进行分类。

请画出符合要求的平面图形。

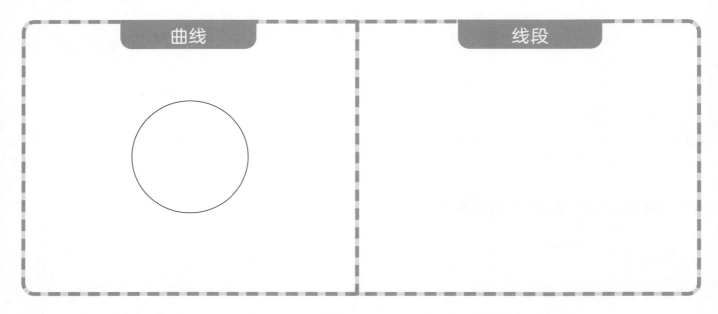

我们也可以根据立体图形中有线段还是有曲线来给它们进行分类。

请画出符合要求的立体图形。

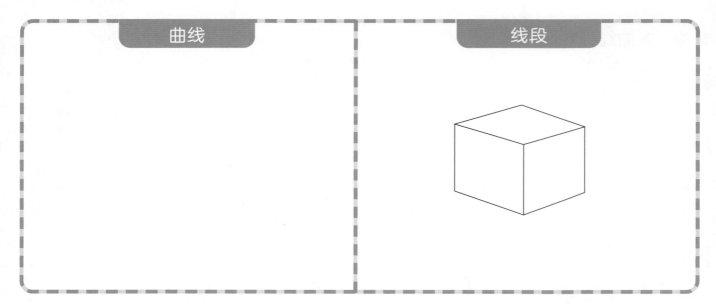

请把下列图形中全是线段构成的图形涂上黄色，全是曲线构成的图形涂上红色，把既有线段又有曲线的图形涂上绿色，然后分别数一数，填空。

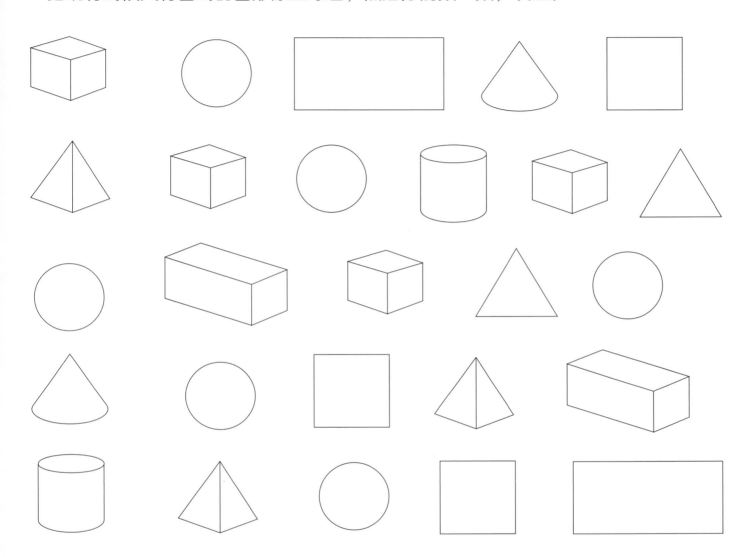

1 有_____个长方体。

2 有_____个绿色的图形。

3 有_____个三棱锥。

4 有_____个黄色的图形。

5 有_____个红色的图形。

从不同方向观察立体图形所看到的平面图形有可能不同。

观察立体图形

我们可以从不同的角度来看立体图形。

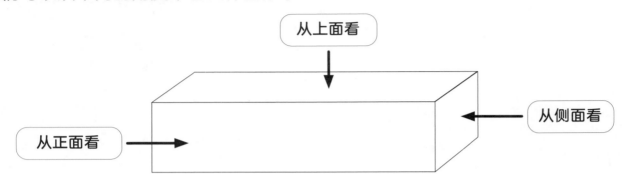

从上面看

从侧面看

从正面看

我们观察立体图形的时候，可以从正面看。上面的长方体从正面看是这样的：

这是什么图形？＿＿＿＿＿＿＿

我们观察立体图形的时候，可以从上面看。上面的长方体从上面看是这样的：

这是什么图形？＿＿＿＿＿＿＿

我们观察立体图形的时候，可以从侧面看。上面的长方体从侧面看是这样的：

这是什么图形？＿＿＿＿＿＿＿

请画出下列立体图形从正面、上面、侧面看的图形。

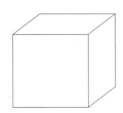
正方体

从正面看	从上面看	从侧面看

圆柱

从正面看	从上面看	从侧面看

球体

从正面看	从上面看	从侧面看

圆锥

从正面看	从上面看	从侧面看

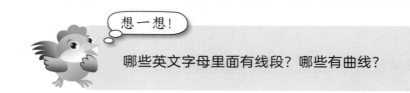

想一想！

哪些英文字母里面有线段？哪些有曲线？

英文字母表中的大写英文字母也是由线段和曲线组成的。

例如：字母 "A" 是由线段组成的；字母 "O" 是由曲线组成的；字母 "B"，是由线段和曲线共同组成的。

请把大写英文字母表补充完整，然后回答问题。

A						
			Z			

1 写出3个由线段组成的大写英文字母：_____，_____，_____。

2 写出3个由曲线组成的大写英文字母：_____，_____，_____。

3 有多少大写英文字母是由线段组成的？_____

4 有多少大写英文字母是由曲线组成的？_____

5 写出所有由线段和曲线共同组成的大写英文字母。

对称轴和轴对称图形

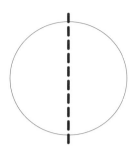

我们知道一个对称的图形可以分成两等份。

画一条直线把一个图形分成相同的两部分，这条直线被称为对称轴。

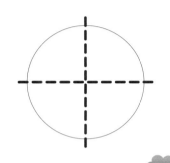

有些图形可以分成更多相同的部分。

我们可以画两条对称轴把这个圆分成四等份。

你知道吗？

圆有无数条对称轴！无论你从哪一点开始画线，只要过圆心，圆都能被分成相同的两部分。

如果一个图形有一条或多条对称轴，那么它就是轴对称图形。

请给下面的图形画一条对称轴。

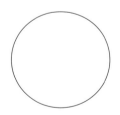   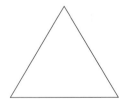

如果一个图形没有任何对称轴，那么它就不是轴对称图形。无论把它怎样分成两部分，两部分都是不相同的。

 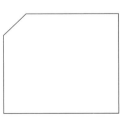 

1 请圈出轴对称图形，画掉不是轴对称图形的图形。

我们可以使用网格来确定图形是否是对称的。给图形画出对称轴以后，数一数对称轴两边的方格数量是否相等。

2 请仿照示例给下面的图形画2条对称轴，然后用字母A、B、C、D标记每个部分。再分别数出每个部分方格的数量。

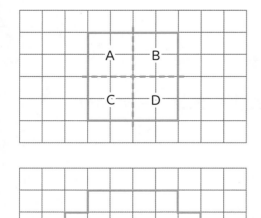

A部分的方格数量：_____4_____

B部分的方格数量：_____

C部分的方格数量：_____

D部分的方格数量：_____

A部分的方格数量：_____

B部分的方格数量：_____

C部分的方格数量：_____

D部分的方格数量：_____

总结一下

这一章学完了，感觉怎么样？圈出你的感受吧！

你觉得这一章的内容_____。（圈一圈）

简单　　　　　　正常　　　　　　有难度

你知道什么是线段和曲线吗？

你会画线段和曲线吗？（请画一画）

你知道从正面、上面、侧面观察立体图形，看到的图形有什么不同吗？

你能辨别轴对称图形吗？

你能画出图形的对称轴吗？（请画一画）

第5章 乘 法

怎样进行三位数的乘法运算?

珠珠的冰激凌上有几个冰激凌球?

珠珠和波波一共有几个冰激凌球?

三个水池总共能容纳多少人?

学习目标
- 乘0、乘1、乘10
- 多位数乘一位数
- 3和4的乘法
- 进位乘法
- 两位数乘两位数
- 运用乘法解决实际问题

42

乘0、乘1、乘10

数一数，求出乘2的得数。

 × | 2 | = | |

数一数，求出乘5的得数。

 × | 5 | = | |

数一数，求出乘10的得数。

 在这里写乘法算式:

你还记得2、5和10的乘法吗？

| 2 | 2×1=2 2×4=8 2×7=14
2×2=4 2×5=10 2×8=16
2×3=6 2×6=12 2×9=18 |

查看左边的乘法表，写出得数。

2×8得多少？

2×9得多少？

| 5 | 5×1=5 5×4=20 5×7=35
5×2=10 5×5=25 5×8=40
5×3=15 5×6=30 5×9=45 |

查看左边的乘法表，写出得数。

5×8得多少？

5×9得多少？

| 10 | 10×1=10 10×4=40 10×7=70
10×2=20 10×5=50 10×8=80
10×3=30 10×6=60 10×9=90 |

查看左边的乘法表，写出得数。

10×8得多少？

10×9得多少？

乘0

珠珠有1个盒子，里面没有物品。如果他有5个这样的盒子，总共有多少件物品？

5×0=0	10×0=0	1500×0=0

当我们把一个数乘0，得数依旧是0。

乘1

每个袋子里有5个橘子，如果彬彬买了1袋橘子，他有多少个橘子？

5×1=5	200×1=200	3659×1=3659

当我们把一个数乘1，得数是它本身。

乘10

甜甜有2颗玻璃球，波波的玻璃球数是甜甜的10倍。波波有多少颗玻璃球？请数一数。

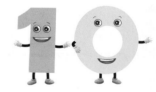

2×10=20	400×10=4000	219×10=2190

当我们把一个整数乘10，在这个数的末尾加一个0就是得数。

当我们用2乘10的时候，个位上的数要向左移动一位到十位上来。

十	个
	2
2	0

2 × 10 = 20

我们再在个位上写一个0，现在就多了一个数位。

想一想！

如果把整数乘100会得到什么呢？

学一学

多位数乘一位数

上午游乐园卖出了142对门票。上午游乐园一共卖出多少张门票？

你还记得量词"对"是什么意思吗？

第1步：

一位数乘多位数个位上的数。

	百	十	个
	1	4	2
×			2
			4

2×2个一=?

第2步：

一位数乘多位数十位上的数。

	百	十	个
	1	4	2
×			2
		8	4

2×4个十=?

第3步：

一位数乘多位数百位上的数。

	百	十	个
	1	4	2
×			2
	2	8	4

2×1个百=?

上午游乐园一共卖出_____张门票。

練一練

1 游乐园1小时能卖出304份苏打水和爆米花套餐。

游乐园2小时能卖出多少份套餐呢？

百	十	个
×		2

$\boxed{} \times \boxed{2} = \boxed{}$ （份）

游乐园2小时能卖出_____份套餐。

2 杂技团有111个小丑。如果每个小丑有5个球，一共有多少个球？

百	十	个
×		5

$\boxed{} \times \boxed{5} = \boxed{}$ （个）

一共有_____个球。

3 游乐园的魔术师有234只兔子。这些兔子一共有多少只耳朵？

百	十	个
×		

$\boxed{} \times \boxed{} = \boxed{}$ （只）

这些兔子一共有_____只耳朵。

学一学

3和4的乘法

我们来看看3的倍数吧！

3	3×1=3	3×6=18
	3×2=6	3×7=21
	3×3=9	3×8=24
	3×4=12	3×9=27
	3×5=15	

查看左边的乘法表，写出得数。

3×4得多少？ ☐   3×8得多少？ ☐

3×9得多少？ ☐   3×7得多少？ ☐

请背诵3的乘法表。

我们来看看4的倍数吧！

4	4×1=4	4×6=24
	4×2=8	4×7=28
	4×3=12	4×8=32
	4×4=16	4×9=36
	4×5=20	

查看左边的乘法表，写出得数。

4×3得多少？ ☐   4×6得多少？ ☐

4×8得多少？ ☐   4×9得多少？ ☐

请背诵4的乘法表。

 练一练

1 下列哪些数是3的倍数？请把它们所在的格子全部涂上红色。

1	3	13	26	29	11	17	15	19
8	15	9	5	7	28	24	36	44
31	18	2	6	10	27	16	33	25
0	12	16	4	21	20	14	30	47

2 哪只动物的气球个数为4的倍数，请圈出来。

3 请根据乘法表完成下列乘法算式。

| 4 | × | 1 | = | | | 4 | × | 9 | = | |

| 4 | × | 7 | = | | | 4 | × | 5 | = | |

4 连一连，请根据颜色提示给气球涂上颜色。

颜色提示：绿色-20　红色-28　黄色-36

进位乘法

有的时候，我们在列竖式计算乘法时，需要进位。

计算56乘2。

第1步：
一位数乘多位数个位上的数。

```
        十    个
        5    6
    ×        2
  ───────────────
```

2×6个一=12个一。

第2步：
进位的数放在十位和个位之间。

```
        十    个
        5    6
    ×    1    2
  ───────────────
             2
```

12个一=1个十和2个一。

把1个十进到十位上。

第3步：
一位数乘多位数十位上的数。与进上来的数相加，需要的时候进到百位。

```
     百   十    个
          5    6
    ×     1    2
  ───────────────
               2
```

2×5个十=10个十。

10个十+1个十=11个十。

11个十=1个百和1个十。

56	×	2	=	

乘一乘，需要的时候进位。

十	个
2	7
×	3

十	个
4	5
×	2

十	个
3	9
×	2

百	十	个
1	5	8
×		5

百	十	个
	9	9
×		4

百	十	个
2	0	9
×		3

复习一下

请根据题意写出乘法算式，解决下列实际问题，需要的时候进位。

① 冰激凌摊位的老板一天卖掉了58个冰激凌，每个冰激凌上有4个球。这个老板一共卖了多少个冰激凌球？

百	十	个
×		4

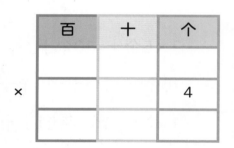

⬜ × ⬜ = ⬜ （个）

老板一共卖了_____个冰激凌球。

② 游客们排队玩射击游戏，每个人可以射击3次。如果有109个人参加游戏，他们一共射击了多少次？

百	十	个
×		

⬜ × ⬜ = ⬜ （次）

他们一共射击了_____次。

3 牙牙买了4盒爆米花，每盒有230粒，一共有多少粒爆米花？

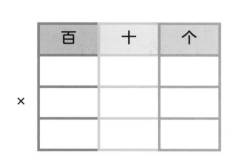

百	十	个
×		

$\boxed{} \times \boxed{} = \boxed{}$ （粒）

一共有_____粒爆米花。

学一学

两位数乘两位数

计算28乘22。

> 我们总是先用竖式中第二个数的个位去乘。

第1步：

先用第二个数的个位乘第一个数的个位。把得数落下来，并进位。

```
      十   个
      2   8
  ×   2 [1] 2
  ─────────────
          6
```

2×8个一=16个一，

16个一=1个十和6个一。

把1个十放在十位上。

第2步：

再用第二个数的个位乘第一个数的十位。得数与进上来的数相加。

```
      十   个
      2   8
  ×   2 [1] 2
  ─────────────
      5   6
```

2×2个十=4个十，

4个十+1个十=5个十。

我们再用第二个数的十位
重复一遍乘法过程。

第3步：

用第二个数的十位乘
第一个数的个位。
需要的时候要进位。

百	十	个
	2	8
×	1 2	1 2
	5	6
	6	

2个十×8个一=16个十，

16个十=1个百和6个十。

因为是用十位的数去乘，所以我们把6写在十位，而不是个位。把1个百进到百位。

第4步：

用第二个数的十位乘第一个数的十位。得数与进上来的数相加。

百	十	个
	2	8
×	1 2	1 2
	5	6
5	6	

2个十×2个十=40个十，

40个十=4个百。

4个百+1个百=5个百。

第5步：

把两个得数相加。

百	十	个
	2	8
×	1 2	1 2
	5	6
5	6	
6	1	6

当我们用28乘2个一，我们得到56个一。

当我们用28乘2个十，我们得到56个十。56个十也可以写成560。

我们也可以在相乘前分解两位数的乘数。

例如，如果要计算28×22，我们可以先把22写成2个十和2个一；

接下来，用28乘2个一：28×2个一=56个一；

然后，用28乘2个十：28×2个十=56个十；

最后，56个一和56个十相加：56个一+56个十=56+560=616。

计算下列乘法竖式，请写清楚计算过程。

百	十	个
	1	7
×	1	5

百	十	个
	2	3
×	1	4

百	十	个
	3	7
×	2	6

百	十	个
	5	2
×	1	9

百	十	个
	3	4
×	2	7

百	十	个
	3	0
×	2	5

这一章学完了，感觉怎么样？圈出你的感受吧！

你觉得这一章的内容_____。（圈一圈）

简单　　　　　　　正常　　　　　　　有难度

你会做乘1、乘0、乘10的乘法吗？　○

你会做进位乘法吗？　○

计算255乘3。

你会用多位数乘一位数吗？　○

你会用两位数乘两位数吗？　○

计算25乘11。

除 法

怎样进行三位数的除法运算？

这列火车有4节车厢，一共可以容纳24位游客。

我想吃比萨，但一个比萨有15块！我要问问波波和娜娜愿不愿意和我平均分着吃。

每节车厢一次可以容纳多少位游客？

如果波波、娜娜和珠珠分享比萨，他们每人能分到几块？

学习目标

· 0除以一个数

· 同数相除

· 除数是10、3和4的除法

· 除数是两位数的除法

· 运用除法解决实际问题

通过平均分做除法

圈一圈，把下列物品分成2组，并写出算式。

$$\boxed{} \div \boxed{} = \boxed{}$$

圈一圈，把下列物品分成5组，并写出算式。

$$\boxed{} \div \boxed{} = \boxed{}$$

用竖式计算45除以2可分为以下步骤：

第1步： 除以

第2步： 相乘

第3步： 相减

重复上面的步骤直到没有余数为止。

```
     十 个
      2 2
  2 ) 4 5
      4
      ̄ ̄
        5
        4
      ̄ ̄
        1
```

在被除数上面的是得数。

被除数除不尽时，剩余的数叫作余数。

在这里，余数是1。

| 45 | ÷ | 2 | = | | 余1。 |

继续学习除法吧！

 学一学

 0除以一个数

如果盘子里没有饼干，波波、娜娜和珠珠每人能分

到多少块饼干？

0除以任何一个数，得数都是0。

还记得吗？
除数不能为0。

0 ÷ 6 = ☐   0 ÷ 165 = ☐   0 ÷ 4217 = ☐

同数相除

波波和他的6个朋友平均分享7块糖果，他们每人能得到多少块糖果？

> 同数相除得数是1。 $7 \div 7 = \boxed{}$

除数是10、3和4的除法

除以10

花园里有20只蚂蚁，如果有10个蚂蚁洞，平均每个蚂蚁洞可以爬进去多少只蚂蚁？

圈一圈，把蚂蚁分成10组。

当我们把20只蚂蚁平均分成10组的时候，每组有＿＿＿＿＿＿只蚂蚁。

> 当以0结尾的数除以10时，去掉一个0就是它的得数。

$100 \div 10 = \boxed{}$ $40 \div 10 = \boxed{}$ $1620 \div 10 = \boxed{}$

除以3和除以4

我们可以把物体分成3组和4组。

30个孩子想坐船，如果每只船可以容纳3个孩子，一共需要多少只船？

圈一圈，每3人为一组。

$\boxed{30} \div \boxed{3} = \boxed{}$

用乘法进行验算：

$\boxed{3} \times \boxed{} = \boxed{}$

28个孩子要坐过山车，如果每节过山车的车厢可以乘坐4个孩子，

一共需要多少节车厢？圈一圈，每4人为一组。

| 28 | ÷ | 4 | = | |

用乘法进行验算：

| 4 | × | | = | |

记得要一直除，
直到没有数可以除为止。

列竖式计算下列除法。如果除不尽，请写出余数。

```
3 ) 3 7        3 ) 5 5        3 ) 9 9        3 ) 7 5
```

```
4 ) 6 0        4 ) 7 7        4 ) 9 2        4 ) 4 3
```

$$3\overline{)339}\qquad 3\overline{)842}\qquad 4\overline{)499}\qquad 4\overline{)520}$$

复习一下

请根据题意写出除法算式，解决下列实际问题，并用乘法进行验算。

① 珠珠和朋友们排队玩转转杯，每轮可以有3人参加，如果排在珠珠他们前面有

153人，要等多少轮才能轮到他们？

$$\boxed{} \div \boxed{} = \boxed{}\ （轮）$$

验算：

$$\boxed{} \times \boxed{} = \boxed{}$$

要等_____轮才能轮到他们。

2 一天之内有592名游客乘坐了旋转秋千，早上乘坐旋转秋千的人数是全天乘坐人数的四分之一。早上有多少名游客乘坐了旋转秋千？

$$\boxed{} \div \boxed{} = \boxed{} \text{（名）}$$

验算:

$$\boxed{} \times \boxed{} = \boxed{}$$

想一想!

记住，当我们把一个整体平均分成四个部分时，其中的一部分就是四分之一。

早上有＿＿＿＿＿名游客乘坐了旋转秋千。

3 水上公园有3个滑梯，每轮可以有3人参加。如果有714名游客想玩水上滑梯，需要多少轮所有人才能都玩一次？

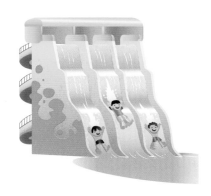

$$\boxed{} \div \boxed{} = \boxed{} \text{（轮）}$$

验算:

$$\boxed{} \times \boxed{} = \boxed{}$$

需要＿＿＿＿＿轮所有人才能都玩一次。

学一学

除数是两位数的除法

计算252除以12。

第1步：
用被除数百位上的数除以除数。

```
      百 十 个
    ┌──────────┐
    │          │
12 )  2  5  2
```

因为2比12小，百位上不够商1，所以要看前两位。

第2步：
用前两位除以除数，得数写在商的十位。

```
      百 十 个
    ┌──────────┐
    │     2    │
12 )  2  5  2
```

$25 \div 12 = 2$余1。

25除以12能得到的最大数是2。

在商的十位上写2。

第3步：
商的十位上的数与除数相乘得到积，再用被除数落下来的数减去这个积。

```
      百 十 个
    ┌──────────┐
    │     2    │
12 )  2  5  2
      2  4
      ─────
         1
```

$12 \times 2 = 24$，

$25 - 24 = 1$。

相减后在下面写1。

将被除数个位上的数落下来，得到的数除以除数。

```
    百 十 个
      2 1
12) 2 5 2
    2 4 ↓
    1 2
```

落下来后，得到数字12。

12÷12=1。

在商的个位上写1。

商的个位上的数与除数相乘得到积，用被除数落下来的数减去这个积。

```
    百 十 个
      2 1
12) 2 5 2
    2 4
    1 2
    1 2
      0
```

1×12=12，

12-12=0。

当没有数再落下来时，除法竖式就写完了。

| 252 | ÷ | 12 | = | |

列竖式计算除法。

```
  百 十 个              百 十 个              百 十 个

11) 4 5 1          12) 3 7 2          10) 7 5 0
```

总结一下

这一章学完了，感觉怎么样？圈出你的感受吧！

你觉得这一章的内容＿＿＿＿＿。（圈一圈）

简单　　　　　　　　正常　　　　　　　　有难度

你知道怎样用0除以一个数吗？

你知道怎样做除数是10、3、4的除法吗？

计算484除以4。

你知道同数相除的得数是多少吗？

计算25除以25。

你会做除数是两位数的除法吗？

计算156除以13。

如果一开始珠珠、甜甜和彬彬都吃了一块蛋糕，
他们的蛋糕分别剩多少？

为什么珠珠、甜甜和彬彬吃的蛋糕块数不同，
剩下的蛋糕看起来却一样多？

学习目标

· 理解分数的概念

· 分数的简单应用

· 分数的乘法

· 分数的基本性质

分数的简单应用（一）

你还记得吗？我们学习了一半和一半的一半。

请用尺子量一下每座建筑物的高度，然后画一条横线把它们平均分成两半，再量出各建筑物一半的高度。

建筑物的高度：＿＿＿＿＿＿

建筑物一半的高度：＿＿＿＿＿

在建筑物的中间画一条线。

建筑物的高度：＿＿＿

建筑物一半的高度：

＿＿＿＿＿＿＿＿＿＿

建筑物的高度：＿＿＿

建筑物一半的高度：

＿＿＿＿＿＿＿＿＿＿

建筑物的高度：＿＿＿

建筑物一半的高度：

＿＿＿＿＿＿＿＿＿＿

观察下面图形中涂色部分与整体的关系，将 $\frac{1}{2}$、$\frac{1}{4}$、1 填在对应的图形下。

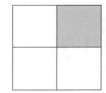

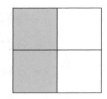

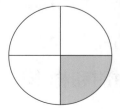

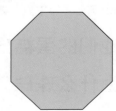

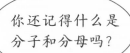
你还记得什么是分子和分母吗?

在 $\frac{1}{2}$ 里,分子是_____,分母是_____。

读一读,写出下面的分数。

珠珠、波波和牙牙平均分一个巧克力甜甜圈。他们各得到了多少甜甜圈呢?

把一整个甜甜圈平均分成3块,每一块写成分数是 $\frac{1}{3}$,读作三分之一。

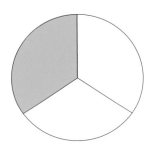
$\frac{1}{3}$　三分之一

甜甜把一个五边形平均分成了5个部分,将其中4个部分涂上了颜色。涂颜色的部分占整个五边形的几分之几?

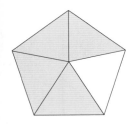

整个五边形被平均分成5份,4份涂上了颜色。写成分数是_____,读作五分之四。

彬彬把一个橙子平均分成了9块,其中7块有种子。整个橙子的几分之几有种子?

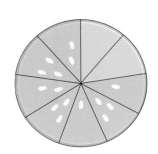

一个橙子被平均分成9块,7块有种子。橙子的_____有种子。

1 请在横线上写出涂色的部分占整个图形的几分之几?

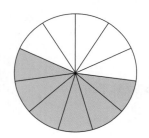 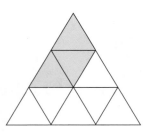 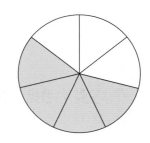 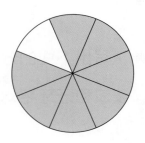

_____ _____ _____ _____

2 请给下列图形的 $\frac{3}{5}$ 涂上颜色。

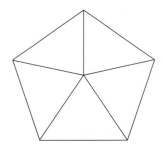 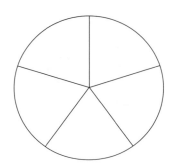 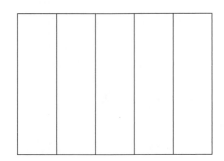

3 请给下列图形的 $\frac{2}{4}$ 涂上颜色。

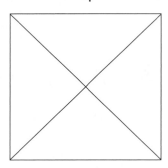 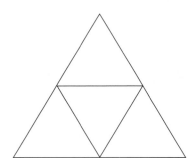 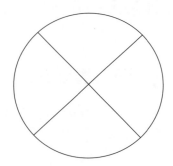

4 请给下列图形的 $\frac{5}{6}$ 涂上颜色。

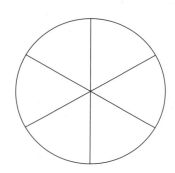 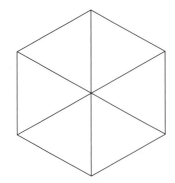 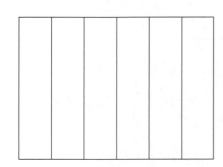

分数的简单应用（二）

我们学过怎样用分数表示整体的一部分。
现在，我们一起学习更多关于分数的知识！

当多个物体被平均分的时候，可以用分数来表示量的一部分。

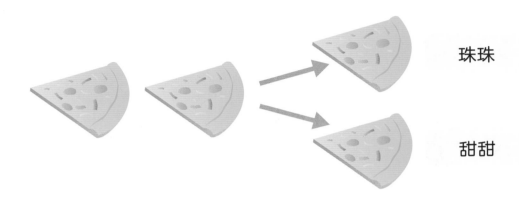

珠珠

甜甜

一开始有几块比萨？＿＿＿＿＿＿块。

平均分的话，珠珠和甜甜每人能分到几块？＿＿＿＿＿＿块。

因为总共有2块比萨（分母），珠珠和甜甜各拿到1块（分子），写成分数是 $\frac{1}{2}$。

米米买了一个有5个球的冰激凌，如果她和4个朋友平分，每人能分到这个冰激凌的

几分之几？

一个冰激凌平均分给5个人，如果有5个球，每人能分到1个球。
写成分数是 $\frac{1}{5}$，读作五分之一。

分数的乘法

知道总数，想要求每组的数量时，我们可以用分数来计算。

如图所示，上下两排一共有20棵树。每排有多少棵树？

从图中我们可以看出来，树被平均分成2组。

每排有＿＿＿＿＿＿棵树。

我们可以把分子与整数相乘，再除以分母得出得数。

$$20的\frac{1}{2} \quad = \quad 20 \times \frac{1}{2}$$

第1步：

"的"表示"相乘"。

$$20 \times \frac{1}{2} \quad = \quad \frac{20}{2}$$

第2步：

分子与整数相乘：

$$20 \times 1 = 20$$

$$\frac{20}{2} \quad = \quad 20 \div 2$$

第3步：

相乘后的分子除以分母。

$$20 \div 2 = 10$$

请根据题意写出分数。

1 公园里有5条长椅，两个儿童坐在其中的2条上。被占用的长椅占长椅总数的几分之几？

2 路边有7个垃圾桶，其中3个装满了。装满的垃圾桶占垃圾桶总数的几分之几？

3 路边有9个路灯，其中5个亮了。没有亮的路灯占路灯总数的几分之几？

算一算，填一填，数一数，框出正确的图形数量。

⬤⬤⬤⬤⬤⬤⬤⬤⬤ 18的$\frac{1}{3}$是多少？

_____

16的$\frac{1}{4}$是多少？

_____

★★★★★★★★★★★★ 24的$\frac{1}{3}$是多少？ _____
★★★★★★★★★★★★

🖤🖤🖤🖤🖤🖤🖤🖤🖤🖤🖤🖤🖤🖤 28的$\frac{1}{4}$是多少？ _____
🖤🖤🖤🖤🖤🖤🖤🖤🖤🖤🖤🖤🖤🖤

请解决下列实际问题，并写清楚计算过程。

1 停车场里有40辆汽车，其中$\frac{1}{5}$是红色，其余的都是黑色。停车场里红色汽车有多少辆？

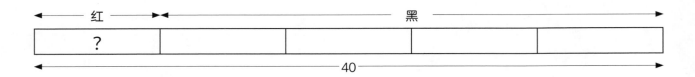

停车场里红色汽车有_____辆。

2 公园里有60只鸽子，其中$\frac{1}{3}$是灰色，其余的都是棕色。公园里棕色鸽子有多少只？

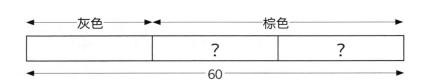

公园里棕色鸽子有_____只。

3 一所小学外面停着36辆自行车，其中$\frac{1}{4}$都有4个轮子，其余的都是2个轮子。2个轮子的自行车有多少辆？

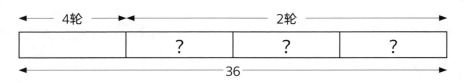

2个轮子的自行车有_____辆。

阅读下面的描述，在方框里画一画，再按要求涂上颜色。

① 在方框的中间画一间房子，房子上有2扇窗户。窗户的 $\frac{1}{2}$ 涂成蓝色，另外 $\frac{1}{2}$ 涂成黄色。

② 在房子旁边画一棵椰子树，树上长了8片树叶。在树上画几颗椰子，椰子的数量是树叶的 $\frac{3}{4}$，并把所有椰子涂成棕色。

③ 在房子的另一边画6张桌子。$\frac{2}{3}$ 数量的桌子涂成红色，另外的 $\frac{1}{3}$ 涂成绿色。

④ 在天空中画9个圆圈代表云朵，全部涂成灰色。

⑤ 在天空中画12只小鸟，把其中 $\frac{1}{6}$ 的小鸟涂成蓝色，$\frac{3}{6}$ 涂成橙色，$\frac{2}{6}$ 涂成粉色。

学一学

分数的基本性质

下列各长方形中涂色部分占整体的几分之几？请写在下面的框里。

  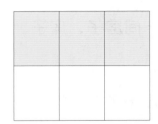 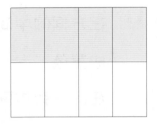

尽管每个长方形涂色部分表示的分数不同，但从图中我们可以看出，这些涂色部分的大小其实是相等的。

> 像上面这样，我们把分数的分子和分母同时乘或者除以相同的数（0除外），分数的大小不变。这是分数的基本性质。

像右图一样，当我们把分数 $\frac{1}{3}$ 的分子和分母同时乘2，得到的分数与 $\frac{1}{3}$ 大小相等。

$$\frac{1}{3} = \frac{2}{6} = \frac{4}{12}$$

×2 ×2 ×2 ×2

请根据分数给下列图形涂上粉色。它们的大小是相等的吗？

$\frac{1}{3}$  $\frac{2}{6}$ 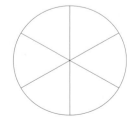 $\frac{4}{12}$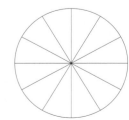

$$\frac{9}{45} = \frac{3}{15} = \frac{1}{5}$$

像左图一样，我们把分数的分子和分母同时除以3，得到的分数与$\frac{9}{45}$大小相等。

当我们把分数的分子和分母同时除以一个数，让它们变成更小的数时，我们就是在约分。

当分数的分子和分母不能再被同一个数（0除外）整除时，它被称为最简分数。

请给下列分数写出两个大小相等的分数。

$\frac{6}{18}$ [ ]

$\frac{12}{24}$ [ ]

$\frac{4}{16}$ [ ]

我们已经学过怎样做同分母分数的加减法。接下来让我们练习一下用最简分数写出得数。

加一加，需要的时候进行约分，把结果化成最简分数。

$\frac{1}{5} + \frac{4}{5} =$ $\frac{5}{7} + \frac{1}{7} =$ $\frac{3}{12} + \frac{7}{12} =$

$\frac{2}{9} + \frac{1}{9} =$ $\frac{2}{15} + \frac{7}{15} =$ $\frac{3}{8} + \frac{3}{8} =$

减一减，需要的时候进行约分，把结果化成最简分数。

$\frac{3}{5} - \frac{1}{5} =$ $\frac{8}{9} - \frac{5}{9} =$ $\frac{5}{8} - \frac{3}{8} =$

$\frac{5}{6} - \frac{1}{6} =$ $\frac{10}{11} - \frac{5}{11} =$ $\frac{6}{14} - \frac{4}{14} =$

这一章学完了，感觉怎么样？圈出你的感受吧！

你觉得这一章的内容_____。（圈一圈）

简单   正常   有难度

你知道怎样用分数来表示整体的一部分吗？　○

你知道怎样用分数表示量的一部分吗？　○

你会运用分数的乘法解决实际问题吗？（请举例说明）　○

你知道怎样给分数约分并化成最简分数吗？　○

请写出 $\dfrac{6}{38}$ 的最简分数。

第8章

测 量

怎样进行单位换算？

彬彬和珠珠需要多少克糖？

如果锅里能盛1升水，那么换算成毫升是多少呢？

学习目标

· 厘米和米之间的单位换算

· 克和千克之间的单位换算

· 毫升和升之间的单位换算

标准计量单位

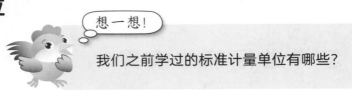

想一想!

我们之前学过的标准计量单位有哪些?

在计量长度时,可以用厘米和米来作单位。

在计量重量时,可以用克和千克来作单位。

在计量体积或容积时,可以用毫升和升来作单位。

你能说出上面物品的名字吗?

厘米和米之间的单位换算

我们可以用厘米和米来表示物体的长度。米尺的最大刻度是1米。

| | | | | | | | | | | |
0 cm 10 20 30 40 50 60 70 80 90 100

上面的米尺上最大的数字是多少？＿＿＿＿＿＿

1米等于100厘米

彬彬家书柜的宽度是2米。书柜宽多少厘米？

1米=100厘米。

把2米换算成厘米，要乘100。

2×100=200。

书柜宽200厘米。

如果把米换算成厘米，需要把这个数乘100。

彬彬量了量他的厨柜，厨柜的长度是300厘米。厨柜的长度是多少米？

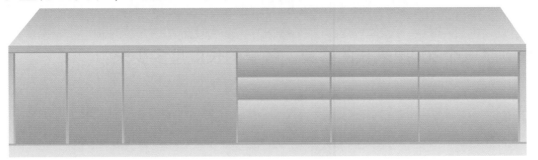

1米=100厘米。把300厘米换算成米，要除以100。

300÷100=3。

厨柜的长度是3米。

如果把厘米换算成米，需要把这个数除以100。

练一练

比赛谁先到面包店！

彬彬的家

面包店

餐厅

请仔细阅读下列各题，进行单位换算，完成填空。

① 面包店距离彬彬家有24米远。面包店距离彬彬家有多少厘米远？

$$\boxed{} \times \boxed{} = \boxed{} （厘米）$$

面包店距离彬彬家有_____厘米远。

② 珠珠和彬彬来到面包店，放置烘焙器材的架子有6米长。这个架子的长度是多少厘米？

$$\boxed{} \times \boxed{} = \boxed{} （厘米）$$

这个架子的长度是_____厘米。

③ 彬彬看到了一个300厘米长的餐桌。餐桌的长度是多少米？

$$\boxed{} \div \boxed{} = \boxed{} （米）$$

餐桌的长度是_____米。

④ 珠珠和彬彬从面包店出发，走了2500厘米到餐厅吃午饭。餐厅与面包店的距离是多少米？

$$\boxed{} \div \boxed{} = \boxed{} （米）$$

餐厅与面包店的距离是_____米。

克和千克之间的单位换算

我们可以用克和千克来表示物体的重量。

请仔细观察上面的刻度，然后按顺序填空。

500，_____，700，_____，900，_____

1千克

1千克等于1000克

珠珠和彬彬买了5千克椰子糖。这些椰子糖的重量是多少克？

椰子糖

把5千克换算成克，要乘1000。

$5 \times 1000 = 5000$。

这些椰子糖的重量是5000克。

如果把千克换算成克，需要把这个数乘1000。

珠珠和彬彬买了10袋豆蔻种子，一共重2000克。这些豆蔻种子的重量是多少千克？

豆蔻种子

把2000克换算成千克，要除以1000。

$2000 \div 1000 = 2$。

这些豆蔻种子的重量是2千克。

如果把克换算成千克，需要把这个数除以1000。

现在需要的材料都全了，
我们一起做布丁吧！

请仔细阅读下列各题，进行单位换算，完成下列填空。

① 商店里有3千克丁香。这些丁香的重量是多少克？

$$\boxed{} \times \boxed{} = \boxed{} \ （克）$$

这些丁香的重量是_____克。

② 娜娜把香草精油、豆蔻和盐混合在一个大碗里，混合物总重量是2千克。
混合物的总重量是多少克？

$$\boxed{} \times \boxed{} = \boxed{} \ （克）$$

混合物的总重量是_____克。

③ 为了防止布丁液粘在底部，彬彬给20个烤杯里面分别涂上油。
每个烤杯重250克，所有烤杯的总重量是多少克？换算成千克是多少？

$$\boxed{} \times \boxed{} = \boxed{} \ （克）$$

所有烤杯的总重量是_____克。

$$\boxed{} \div \boxed{} = \boxed{} \ （千克）$$

所有烤杯的总重量是_____千克。

毫升和升之间的单位换算

我们可以用毫升和升来计量液体的体积和容器的容积。

这是一个量杯。它是用来测量液体的体积的，单位是毫升。

观察一下量杯上最大的刻度是多少？

_____

1升等于1000毫升

珠珠把2升水倒进锅里烧开。锅中水的体积是多少毫升？

把2升换算成毫升，要乘1000。

$2 \times 1000 = 2000$。

锅里水的体积是2000毫升。

如果把升换算成毫升，需要把这个数乘1000。

彬彬把10盒椰奶放进冰箱里，椰奶的总体积是10000毫升。椰奶的总体积是多少升？

把10000毫升换算成升，要除以1000。

$10000 \div 1000 = 10$。

椰奶的总体积是10升。

如果把毫升换算成升，需要把这个数除以1000。

哇！布丁看上去真不错！
我们一起把它们分给朋友们吧！

请仔细阅读下列各题，进行单位换算，完成填空。

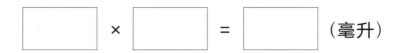

① 娜娜往椰子糖浆里倒了6升椰奶。倒入椰奶的体积是多少毫升？

$$\boxed{} \times \boxed{} = \boxed{} \text{（毫升）}$$

倒入椰奶的体积是＿＿＿＿＿＿毫升。

② 布丁液的总体积是5升。布丁液的总体积是多少毫升？

$$\boxed{} \times \boxed{} = \boxed{} \text{（毫升）}$$

布丁液的总体积是＿＿＿＿＿＿毫升。

③ 为了不让烤箱里的甜品烤干，珠珠把一个装有1000毫升温水的烤盘放在烤箱里。烤盘里的温水的体积是多少升？

$$\boxed{} \div \boxed{} = \boxed{} \text{（升）}$$

烤盘里的温水的体积是＿＿＿＿＿＿升。

④ 珠珠和朋友们用了9000毫升水清洗所有的厨具。他们用了多少升水清洗厨具？

$$\boxed{} \div \boxed{} = \boxed{} \text{（升）}$$

他们用了＿＿＿＿＿＿升水清洗厨具。

挑战一下

珠珠和彬彬走了4050厘米到达波波家。请用米和厘米的形式来表示。

首先，我们把4050厘米写成4000厘米+50厘米。

然后，把4000厘米换算成40米。

最后，同时用米和厘米来表示长度。

谢谢你！
闻起来好香啊！

珠珠和彬彬走了_____米_____厘米到达波波家。

请用米和厘米的形式表示以下长度。

275厘米=____米____厘米　905厘米=____米____厘米　1205厘米=____米____厘米

我们已经学过1千克=1000克。

让我们重复上面的步骤。

请用千克和克的形式表示以下重量。

用千克和克的形式表示重量，我们也可以进行分解和换算。

5533克=____千克____克　7600克=____千克____克　9665克=____千克____克

我们也可以用升和毫升的形式来表示容积和体积。记住1升=1000毫升。

请用升和毫升的形式表示以下体积。

1075毫升=____升____毫升　4999毫升=____升____毫升　8487毫升=____升____毫升

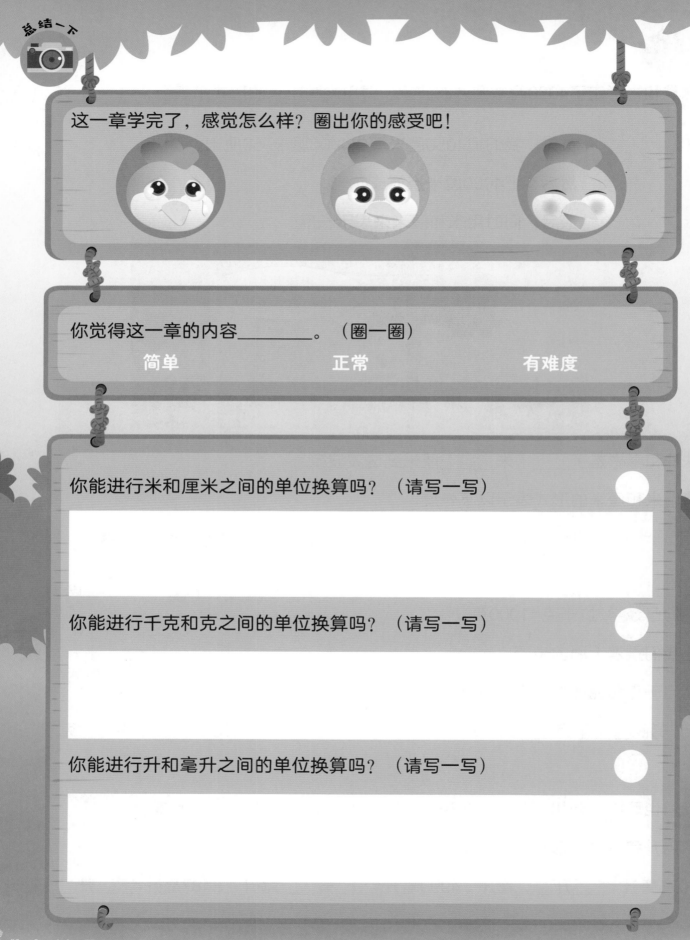

总结一下

这一章学完了，感觉怎么样？圈出你的感受吧！

你觉得这一章的内容_____。（圈一圈）

简单　　　　　　　　　　正常　　　　　　　　　　有难度

你能进行米和厘米之间的单位换算吗？（请写一写）

你能进行千克和克之间的单位换算吗？（请写一写）

你能进行升和毫升之间的单位换算吗？（请写一写）

第9章

时 间

分钟、小时、天、周和月之间的关系是什么?

爸爸给我买了一本日历作为生日礼物!让我看看今天是几号?

三 月				20××		
日	一	二	三	四	五	六
	1	2	3	4	5	6
7	8	9	10	11	12	13
14	15	16	17	18	19	20
21	22	23	24	25	26	27
28	29	30	31			

时钟上的时间是几点?

你能读出日历上画圈的日期吗?

学习目标

· 认读时间

· 分钟和小时之间的单位换算

· 月、周和天之间的关系

认读时间（一）

请在方框中写出每个数字对应的分钟数。

1小时有60分钟，我们怎样用数字表示时间呢？

左边的时钟显示的时间是1点半，也可以写成1:30。

"："前面的数字代表小时。

"："后面的数字代表分钟。

我们也可以用"一刻钟（四分之一小时）"来表示时间。

你还记得什么是四分之一吗？

在时钟上画2条线，可以把时钟分成四等份。

这2条线会穿过时钟上的哪4个数字？

_____

时钟上的一刻钟（四分之一小时）是多少分钟？

_____

左边的时钟上分针指向数字几？_____

表示时间是_____分。

此时的时间是1点15，写作1:15。

左边的时钟上分针指向数字几？_____

表示时间是_____分。

此时的时间是1点45，也可以说差一刻钟两点，写作1:45。

练一练

请分别用汉字和数字形式表示下列时钟上的时间。

六点十五		
6:15		

认读时间（二）

我们也可以通过查看时钟上的数字读出时间。

左边的时钟上分针指向数字1。

表示时间过去了5分钟。

此时的时间是1点零5分，写作1:05。

练一练

1 请用数字表示下列时钟上的时间。

10:20			

2 请根据时间提示在时钟上画出时针和分针。

1:50	7:20	5:25	10:35

学一学

分钟和小时之间的单位换算

接下来让我们来了解一下小时和分钟之间的关系吧!

我们已经知道了1小时等于60分钟!

请把小时换算成分钟。

1小时=__60分钟__   3小时=_____   5小时=_____

2小时=_____   4小时=_____   6小时=_____

请把分钟换算成小时。

60分钟=__1小时__   120分钟=_____   180分钟=_____

300分钟=_____   420分钟=_____   600分钟=_____

我们也可以用小时和分钟的形式表示时间。

珠珠从9点开始做作业,用了130分钟完成了作业。用130分钟除以60,得数余10分钟。

过了60分钟

又过了60分钟

最后10分钟

我们可以把珠珠做作业的时间写成2小时10分钟。

请把分钟换算成小时和分钟的形式。

80分钟=____1____小时____20____分钟   95分钟=_____小时_____分钟

160分钟=_____小时_____分钟   200分钟=_____小时_____分钟

225分钟=_____小时_____分钟   330分钟=_____小时_____分钟

420分钟=_____小时_____分钟   470分钟=_____小时_____分钟

月、周和天的关系

日　历

一 月						
一	二	三	四	五	六	日
27	28	29	30	31	01	02
03	04	05	06	07	08	09
10	11	12	13	14	15	16
17	18	19	20	21	22	23
24	25	26	27	28	29	30
31	01	02	03	04	05	06

二 月						
一	二	三	四	五	六	日
31	01	02	03	04	05	06
07	08	09	10	11	12	13
14	15	16	17	18	19	20
21	22	23	24	25	26	27
28	01	02	03	04	05	06

三 月						
一	二	三	四	五	六	日
28	01	02	03	04	05	06
07	08	09	10	11	12	13
14	15	16	17	18	19	20
21	22	23	24	25	26	27
28	29	30	31	01	02	03

四 月						
一	二	三	四	五	六	日
28	29	30	31	01	02	03
04	05	06	07	08	09	10
11	12	13	14	15	16	17
18	19	20	21	22	23	24
25	26	27	28	29	30	01

五 月						
一	二	三	四	五	六	日
25	26	27	28	29	30	01
02	03	04	05	06	07	08
09	10	11	12	13	14	15
16	17	18	19	20	21	22
23	24	25	26	27	28	29
30	31	01	02	03	04	05

六 月						
一	二	三	四	五	六	日
30	31	01	02	03	04	05
06	07	08	09	10	11	12
13	14	15	16	17	18	19
20	21	22	23	24	25	26
27	28	29	30	01	02	03

七 月						
一	二	三	四	五	六	日
27	28	29	30	01	02	03
04	05	06	07	08	09	10
11	12	13	14	15	16	17
18	19	20	21	22	23	24
25	26	27	28	29	30	31

八 月						
一	二	三	四	五	六	日
01	02	03	04	05	06	07
08	09	10	11	12	13	14
15	16	17	18	19	20	21
22	23	24	25	26	27	28
29	30	31	01	02	03	04

九 月						
一	二	三	四	五	六	日
29	30	31	01	02	03	04
05	06	07	08	09	10	11
12	13	14	15	16	17	18
19	20	21	22	23	24	25
26	27	28	29	30	01	02

十 月						
一	二	三	四	五	六	日
26	27	28	29	30	01	02
03	04	05	06	07	08	09
10	11	12	13	14	15	16
17	18	19	20	21	22	23
24	25	26	27	28	29	30
31	01	02	03	04	05	06

十一月						
一	二	三	四	五	六	日
31	01	02	03	04	05	06
07	08	09	10	11	12	13
14	15	16	17	18	19	20
21	22	23	24	25	26	27
28	29	30	01	02	03	04

十二月						
一	二	三	四	五	六	日
28	29	30	01	02	03	04
05	06	07	08	09	10	11
12	13	14	15	16	17	18
19	20	21	22	23	24	25
26	27	28	29	30	31	01

① 请在上面日历上圈出天数最少的月份。

② 请根据日历填空。

第一个月是几月？＿＿＿＿＿＿。最后一个月是几月？＿＿＿＿＿＿。

一年中一共有几个月？＿＿＿＿＿＿。这一年有多少天？＿＿＿＿＿＿。

你知道吗？

在公历中，每过4年就要多出差不多1天的时间来，人们把这1天加在2月里，这一年就是闰年，一共有366天。

你知道吗？

有的月份有30天，而有的月份有31天！
我们的小手就可以告诉我们每个月有多少天！

| ㉛ | ㉘ | ㉛ | ㉚ | ㉛ | ㉚ | ㉛ |

一月 二月 三月 四月 五月 六月 七月

| ㉛ | ㉚ | ㉛ | ㉚ | ㉛ |

八月 九月 十月 十一月 十二月

把我们的双手举起，握起拳头，手背朝上，凸起的地方是31天的月份，凹下的地方是30天的月份，2月是28天或29天。

你能数一数一年有多少天吗？
试一试吧！

请根据下面的日历回答问题。

××××年十二月						
星期一	星期二	星期三	星期四	星期五	星期六	星期日
	1	2	3	4	5	6
7	8	9	10	11	12	13
14	15	16	17	18	19	20
21	22	23	24	25	26	27
28	29	30	31			

12月有多少天? _____

在上页的日历中一共有多少个星期? _____

12月的第一天是星期几? _____

12月的最后一天是星期几? _____

我们可以借助日历读出日期。在"星期三"一列的下面有5个数字。如果没有具体的数字，我们就很难准确描述是哪一个星期三。

日期可以确切地告诉我们某活动发生在一个月的哪一天。

我们一般这样写日期：××××年××月××日，例如2023年12月的第一天会写成2023年12月1日。

××××年六月						
星期一	星期二	星期三	星期四	星期五	星期六	星期日
		1 和牙牙、波波玩板球	2	3	4	5 和娜娜在海边收集垃圾
6	7	8 和牙牙、波波玩板球	9	10 吃冰激凌！	11	12
13	14	15 和牙牙、波波玩板球	16	17	18 听音乐会	19
20 和妈妈购物	21	22 和牙牙、波波玩板球	23	24 我的生日！	25	26
27	28 健康检查	29	30			

这是我这个月的日程表！

请根据左页的日历填空。

六月有几个星期？ _____

这个月珠珠、牙牙和波波一共玩了几次板球？ _____

珠珠的健康检查是在哪一天？ _____

6月1日是星期几？ _____

珠珠什么时候过生日？ _____

珠珠6月5日要做什么？ _____

珠珠在哪一天和妈妈一起购物？ _____

复习一下

制作一张日历，可以随意选一个月份。

年：_____ 月：_____

星期一	星期二	星期三	星期四	星期五	星期六	星期日

请在日历上写出以下内容：

年	月	日

请在日历上写出你计划要做的事情吧！

尝试一下整个月都按照日程表进行活动吧！

这一章学完了，感觉怎么样？圈出你的感受吧！

你觉得这一章的内容_____。（圈一圈）

简单　　　　　　　　正常　　　　　　　　有难度

你能认读出时钟上的时间吗？

你能进行分钟和小时之间的单位换算吗？（请写一写）

你知道月、周和天之间的关系吗？（请写一写）

货 币

第 **10** 章

你能做与货币有关的加减法吗？

我只有38元，你能借给我50元吗？这样我就能买玩具火车了！

这么多硬币，波波你好富有啊！

彬彬手里拿着多少钱？

彬彬借给波波50元钱，他手里还剩下多少钱？

波波想买的玩具火车价格是多少？

学习目标

· 更大面额的纸币

· 货币的计算

更大面额的纸币

你还记得之前学的货币吗？

我们在购物时要用到钱，常见的有纸币和硬币。

100元是大面额的纸币。你知道它和其他纸币是怎么兑换的吗？

 =_____张

 =_____张

 =_____张

请在可以用以下纸币买到的物品前面画"✓"，在不能买到的物品前面画"✕"。

（　）皮鞋　80元	（　）草莓　30元	（　）木马　300元
（　）椰子　5元	（　）袜子　8元	（　）蛋糕　18元
（　）滑板车　198元	（　）人字拖　39元	（　）玩具火车　88元
（　）机器人　129元	（　）蛋糕　15元	（　）咖喱饭　28元

货币的计算

学一学

让我们一起去购物吧！
下面每个玩具的价格分别是多少呢？

彬彬有20元，波波有50元，他们两个一共有多少元？

20元+50元=70元

波波有50元，他给了娜娜20元，他还剩下多少元？

50元-20元=30元

把货币、价格和玩具连起来吧！

256元

256元

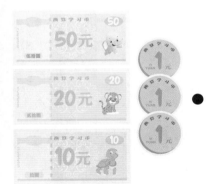

83元

156元

156元

83元

我要去购物了，这是我的钱包。

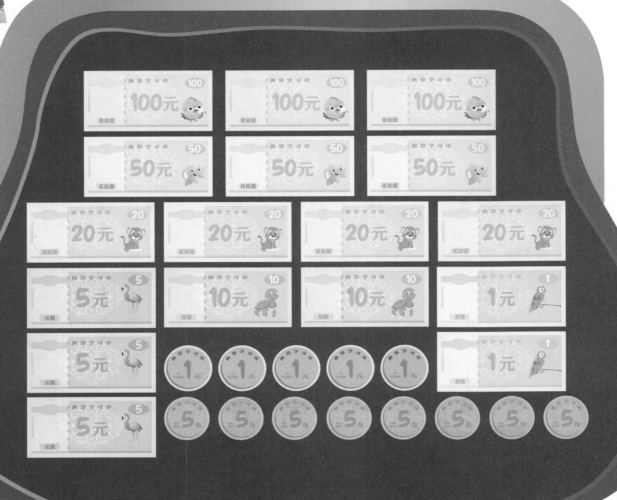

数一数，加一加，完成表格。

	5角	1元	5元	10元	20元	50元	100元
硬币和纸币的数量	8						
钱币的面额	4元						
所有的钱数							

彬彬一共用200元来购买食物。请根据每种食物的价格，回答下列问题，并写清楚运算过程。

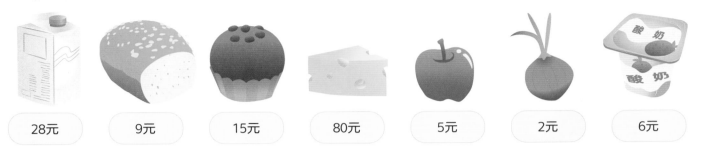

| 28元 | 9元 | 15元 | 80元 | 5元 | 2元 | 6元 |

① 买1盒牛奶和2个苹果要多少钱？

买1盒牛奶和2个苹果要_____钱。

② 如果彬彬买1块奶酪和2盒牛奶，他还剩多少钱？

他还剩_____钱。

③ 如果彬彬买10块面包和2盒酸奶，他还剩多少钱？

他还剩_____钱。

④ 如果彬彬每一样食品都买了一件，他还剩多少钱？

他还剩_____钱。

波波想买一些食品，下面是它们的价格表。请根据价格表回答问题，并写清楚运算过程。

食品	重量	价格
土豆	1千克	5元
西瓜	10千克	60元
胡萝卜	500克	3元
黄油	1块	35元
白糖	1千克	12元

1 波波想买5千克的西瓜，他需要多少钱?

想一想!
5千克是10千克的一半，价格是多少呢?

他需要＿＿＿＿＿＿钱。

2 波波想买2千克的胡萝卜，他需要多少钱?

想一想!
500克是2千克的四分之一，价格是多少呢?

他需要＿＿＿＿＿＿钱。

3 波波想买2千克的土豆、5千克的西瓜和2500克的胡萝卜。他一共需要多少钱?

他一共需要＿＿＿＿＿＿钱。

4 如果波波有100元，买完2千克土豆、5千克西瓜和2500克胡萝卜后，他还剩多少钱?

他还剩＿＿＿＿＿＿钱。

总结一下

这一章学完了，感觉怎么样？圈出你的感受吧！

你觉得这一章的内容_____。（圈一圈）

　　简单　　　　　　正常　　　　　　有难度

你认识大面额的纸币吗？

你会做与货币有关的加法吗？（请写一写）

你会做与货币有关的减法吗？（请写一写）

第11章

位置与方向

东、西、南、北在哪里?

我们学校是最棒的!

东、西、南、北,冠军是谁?

东、西、南、北是什么?

北

你听说过东、西、南、北吗?
娜娜和波波分别指的是什么方向?

学习目标
· 辨别东西南北四个方向
· 解决关于方向的实际问题

学一学 东、西、南、北

你能指出自己的前、后、左、右吗?

请根据左图填空。

1 玻璃球在珠珠的_____边。

2 珠珠需要向_____移动才能拿到橙子。

3 _____在珠珠的左边。

4 珠珠需要向_____移动才能拿到梨。

我们在描述方向的时候,可以用这些词:

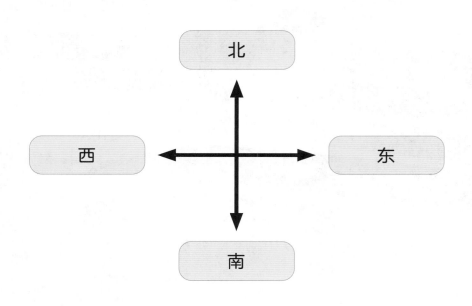

	北	
西		东
	南	

上——北
下——南
左——西
右——东

你知道吗?

这是一个指南针。它能帮我们找到北在哪里。指南针中间的磁针是一块磁铁,可以转动,使红色的那一端指向地球的北极。一旦我们知道北在哪里,南、东和西三个方向也就可以确定了。

1 请在下面的方框中写出正确的方向。

北

2 请按照描述在下面的方框中画出物体。

想一想!

你还记得学过的方向都有哪些吗?

北

在娜娜的西边画一个篮球。

在娜娜的东边画一只棒球手套。

在娜娜的南边画一双跑鞋。

在娜娜的北边画一个棒球棍。

波波正在跑步。请根据描述画画，并将波波跑步的路线涂色。

第1步已经完成了。

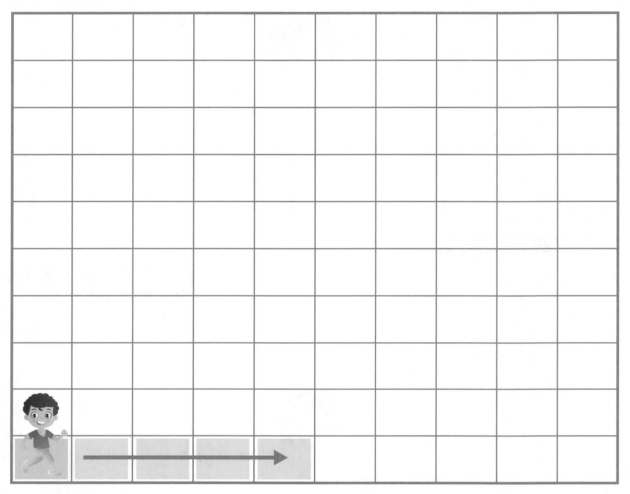

北

第1步：波波向东跑了4格。

第2步：然后波波向北跑了3格，请在他停下的位置画一个三角形。

第3步：波波又向西跑了2格。

第4步：之后波波向北跑了5格，请在他停下的位置画一个圆形。

第5步：波波又向东跑了4格。

第6步：波波向南跑了1格，请在他停下的位置画一个三角形。

第7步：波波又向东跑了2格。

第8步：波波向南跑了6格，他跑完了，请在终点的位置画一朵小花。

我们在运动会上玩得很开心！
现在我们去拜访一下彬彬的邻居们吧。

请帮助珠珠和彬彬找到路线吧！只有斑马线的地方才能通过。

下面这些词语可以帮助你。

北　南　左　右　前　后　东　西

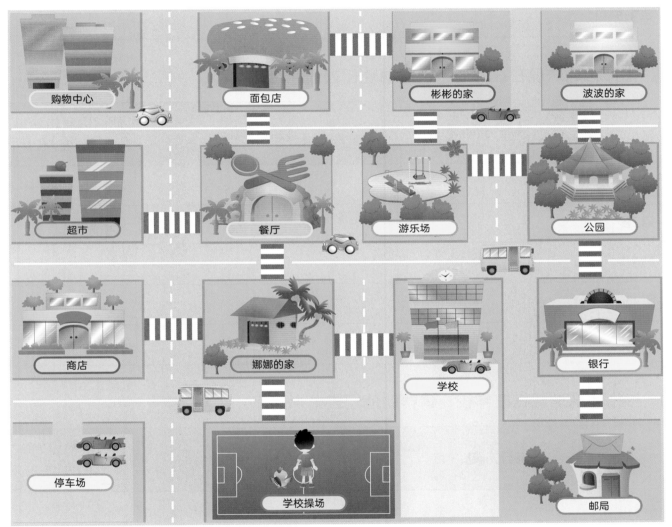

北

1　彬彬和珠珠现在在学校操场，请帮助他们去餐厅。

	步行方向	他们会经过哪里?	他们需要转弯吗? (不/左/右)
第1步	北	娜娜的家	不
第2步	北	餐厅	–

2 彬彬和珠珠现在在学校操场，请帮助他们去超市。

	步行方向	他们会经过哪里？	他们需要转弯吗？（不/左/右）
第1步	北	娜娜的家	不
第2步			
第3步			

3 彬彬和珠珠现在在邮局，请帮助他们去面包店。

	步行方向	他们会经过哪里？	他们需要转弯吗？（不/左/右）
第1步			
第2步			
第3步			
第4步			
第5步			

4 彬彬和珠珠现在在学校，请帮助他们去彬彬的家。

	步行方向	他们会经过哪里？	他们需要转弯吗？（不/左/右）
第1步			
第2步			
第3步			
第4步			

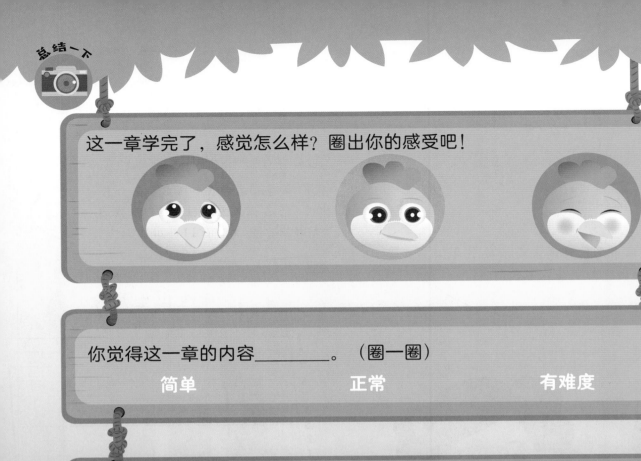

这一章学完了，感觉怎么样？圈出你的感受吧！

你觉得这一章的内容_____。（圈一圈）

简单   正常   有难度

你知道东、西、南、北四个方向吗？（请画一画）

你能在黑板上看到哪些信息?

有多少名学生在11月出生?

你认为我们怎样才能完成这个条形统计图?

学习目标

·条形统计图

·从条形统计图中提取数据

 学一学

条形统计图

我们可以用图像符号来整理数据。

数一数，完成下面的表格。

图书颜色	图书数量
蓝色	
黄色	
红色	

仔细观察下面的图表，回答问题。

科目	选择每个科目的学生数量
语文	😊😊😊😊😊😊😊😊😊😊😊😊😊😊
数学	😊😊😊😊😊😊😊😊😊😊😊
科学	😊😊😊😊😊😊😊😊😊😊😊
美术	😊😊😊😊😊😊😊😊😊

注：每个 😊 代表5名学生。

每名学生只能选择一个科目。

有多少名学生选择语文课？ _____

有多少名学生选择美术课？ _____

选择数学课和美术课的学生一共有多少名？ _____

请用〇完成图表，每个〇代表4个对应的事物。

贴纸种类	娜娜拥有的贴纸数量
花	16
汽车	4
猫	28
西瓜	36

贴纸种类	娜娜拥有的贴纸数量

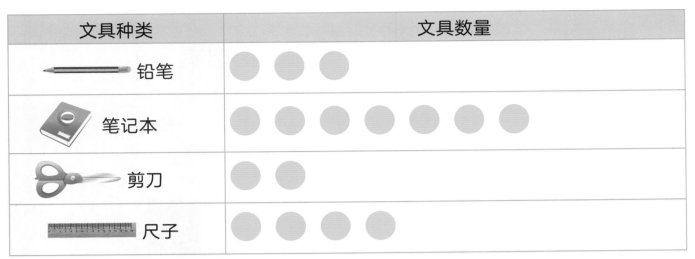

注：每个 ⚪ 代表的文具数量是1件。

我们可以用条形统计图来表示上面的数据：

想一想！

为什么叫作
条形统计图呢？

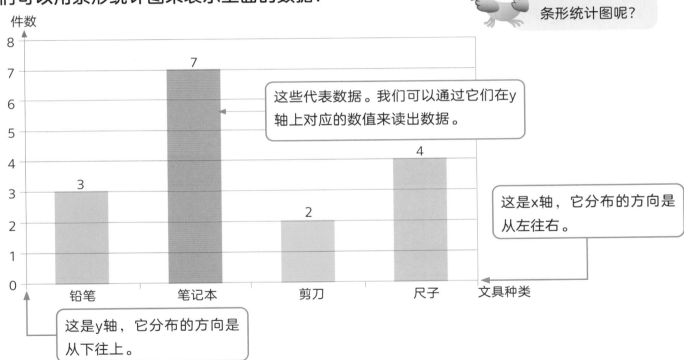

这些代表数据。我们可以通过它们在y
轴上对应的数值来读出数据。

这是x轴，它分布的方向是
从左往右。

这是y轴，它分布的方向是
从下往上。

仔细观察上面的条形统计图，然后填空。

一共有多少把尺子？_____把。

铅笔和剪刀的数量一共是多少？_____件。

笔记本的数量比剪刀多多少？_____件。

一共有多少件文具？_____件。

1 下面的条形统计图表示了一家宠物店里宠物的种类及数量。

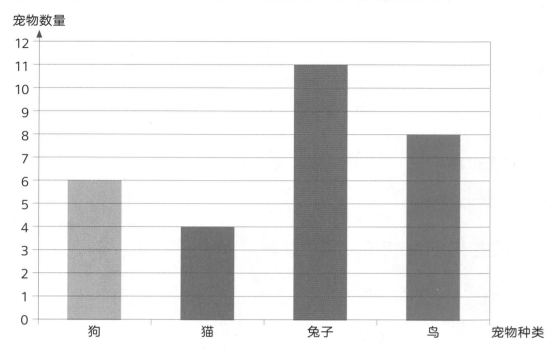

请根据条形统计图完成表格。

每种宠物的数量	
狗	
猫	
兔子	
鸟	

2 下面的表格表示了不同月份出生的儿童人数。

出生月份	儿童人数
二月	4
六月	10
八月	13
十月	16
十二月	9

请根据表格完成下列条形统计图。

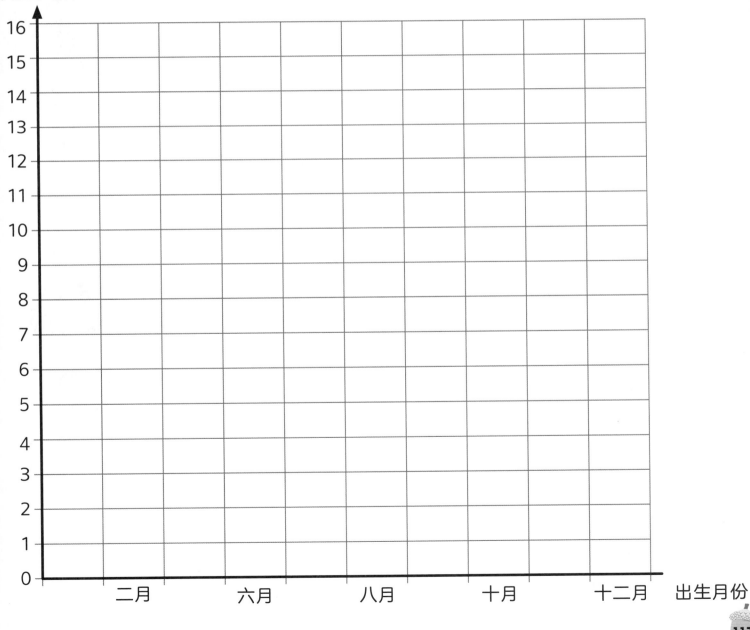

3 仔细观察条形统计图，回答下列问题。

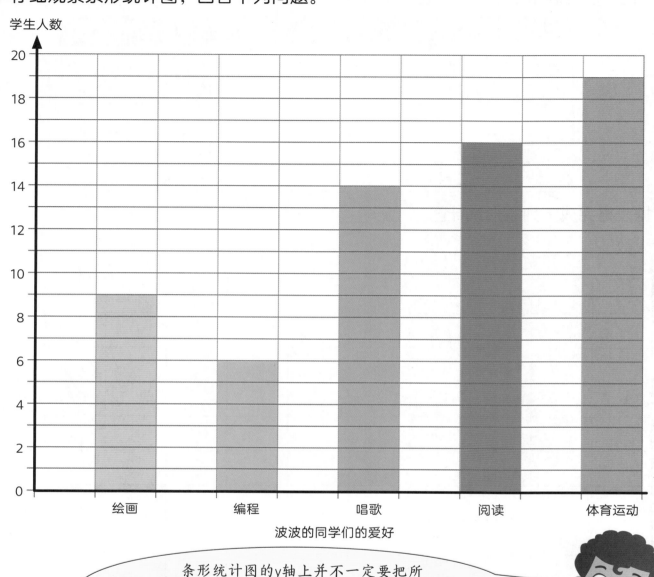

条形统计图的y轴上并不一定要把所有的数字都标记出来。上面的条形统计图就只标记出来了偶数。

大多数学生的爱好是什么？＿＿＿＿＿＿

喜欢＿＿＿＿＿＿的学生最少。

波波班里有＿＿＿＿＿＿名学生喜欢绘画。

喜欢唱歌的学生比喜欢编程的多＿＿＿＿＿＿名。

喜欢阅读和绘画的学生一共有＿＿＿＿＿＿名。

有时，条形统计图的y轴上每个单元的数值可能大于1。

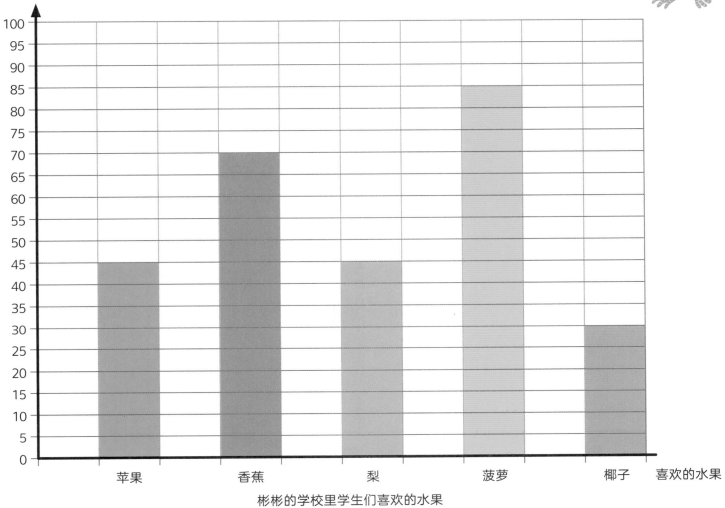

彬彬的学校里学生们喜欢的水果

观察一下y轴的数字，它们是_____的倍数。也就是说，每个有颜色的小方格代表5名学生。

请你根据条形统计图完成表格。

喜欢的水果	学生人数
苹果	
香蕉	
梨	
菠萝	
椰子	

仔细观察下列条形统计图并回答问题。

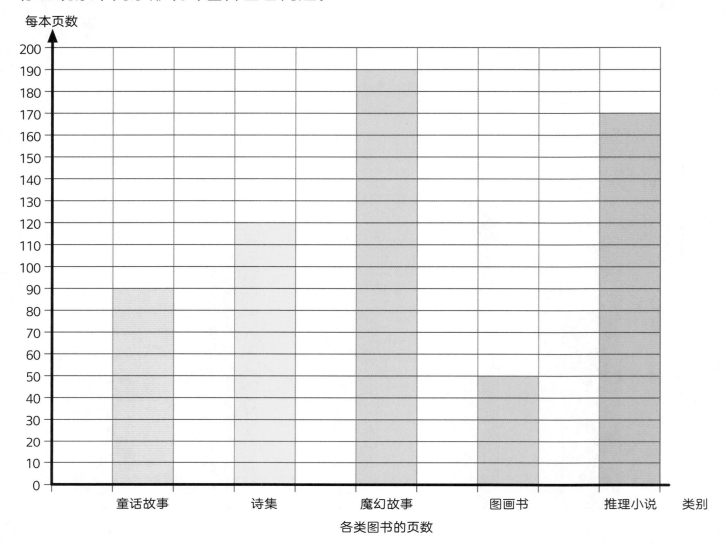

各类图书的页数

彬彬读了1本童话故事和1本图画书。他总共读了多少页？ _____

娜娜读了1本推理小说和2本诗集。她总共读了多少页？ _____

珠珠有5本魔幻故事和3本图画书。珠珠的魔幻故事总共比图画书多多少页？

_____

如果波波每种类型的书都有2本，那么他所有的书总共有多少页？ _____

总结一下

这一章学完了，感觉怎么样？圈出你的感受吧！

你觉得这一章的内容_____。（圈一圈）

简单　　　　　　　　正常　　　　　　　　有难度

你知道什么是条形统计图吗？

你会画条形统计图吗？（请画一画）

你能从条形统计图中读取数据吗？

不对称

指图形或物体对某个点、直线或平面而言，在大小、形状和排列上不具有一一对应关系。

从侧面看

对一个物体在三个投影面内进行正投影，在侧面内得到的由左向右观察物体的视图。

从上面看

对一个物体在三个投影面内进行正投影，在水平面内得到的由上向下观察物体的视图。

从正面看

对一个物体在三个投影面内进行正投影，在正面内得到的由前向后观察物体的视图。

对称轴

如果一个平面图形沿一条直线折叠，直线两旁的部分能够互相重合，这个图形就叫作轴对称图形，这条直线就是它的对称轴。

分数的基本性质

分数的分子和分母同时乘或者除以相同的数（0除外），分数的大小不变。

换算

把某种单位的数量折合成另一种单位的数量。

降序

把数字从最大到最小进行排列。

曲线

按一定条件运动的动点的轨迹，是不直的线。

日期

发生某一件事的确定的年、月、日或时期。

升序

把数字从最小到最大进行排列。

条形统计图

用不同高度的柱、条显示数据的图表。

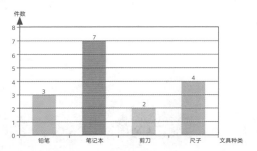

x轴

我们可以在平面内画两条互相垂直、原点重合的数轴，组成平面直角坐标系，水平的数轴称为x轴，习惯上取向右为正方向。

线段

直线上任意两点间的部分。

y轴

我们可以在平面内画两条互相垂直、原点重合的数轴，组成平面直角坐标系，竖直的数轴称为y轴，取向上方向为正方向。

约分

把一个分数化成和它相等，但分子分母都比较小的分数。

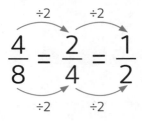

指南针

利用磁针制成的指示方向的仪器，把磁针支在一个直轴上，可以做水平旋转，由于磁针受地磁吸引，针的一头总是指着南方。

参考答案 (有的题目答案、解题方法不唯一，正确即可。)

p.2 3, 30, 300

p.4 2, 4, 3, 6, 2436
2000+400+30+6=2436
3, 1, 5, 4, 3154
3000+100+50+4=3154
4, 6, 1, 1, 4611
4000+600+10+1=4611

p.5 4, 2, 2, 0, 4220, 四千二百二十
1, 4, 9, 4, 1494, 一千四百九十四
3, 7, 6, 1, 3761, 三千七百六十一

p.6 一千三百四十八
三千一百七十二
四千四百九十六

p.7 6, 3, 4, 3, 6343, 六千三百四十三

p.8 7, 1, 0, 2, 7102, 七千一百零二
8, 4, 8, 0, 8480, 八千四百八十
8265, 5920, 7302, 9087

p.9 380；925；10, 9741, 1479

p.10 6210, 1026
2757, 2758, 2760
6291, 6292, 6293, 6294, 6295
9738, 9739, 9740, 9742, 9743

p.11 35, 40, 45, 50, 55, 60
512, 514, 516, 520
4130, 4135, 4145, 4150
8590, 8600, 8610, 8620, 8640

p.14

8	9	3		9	5	8
7	9	4		9	7	5

3×100=300, 6×10=60, 9×1=9
四千三百六十九

p.15

2	0	9	8		1	6	9	8
2	2	8	9		3	8	9	7
4	5	6	7		5	3	9	2
4	9	4			4	6	9	1

p.17

3	5	3	2		3	9	0	0
4	9	0	0		8	9	5	2
9	8	4	1		8	9	1	0

答案略

p.18 答案略

p.19 2046+388=2434, 2434

p.20 4550+2185=6735, 6735

p.21 240+230+356=826, 826
7269+1598=8867, 8867

p.24

2	0		8	3		1	3
4	6		5	6		5	1
6	2		9	9		6	4
1	0	2		0	0		0	0
1	0	2		2	2		4	8
2	0	4		2	2		3	2

p.26 223-176=47

3	7	4		1	8	5		1	6	7
3	7	4		1	8	5		1	6	7
7	7	1		3	0	3		9	4	6

p.27 ①

	5	6
5	6	
1	0	0

②

5	4	7
5	4	7
6	0	0

③

7	2	3
7	2	3
9	0	0

④

	9	0	2
	9	0	2
1	0	0

答案略

p.28 582-399=183, 183
361-284=77, 77

p.29 730-633=97, 97
315-157=158, 158

p.32 圆形，长方形，三角形，正方形
正方体，圆柱，圆锥，三棱锥，
球体，长方体

p.33 答案略

p.34 答案略

p.35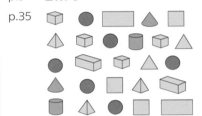

2, 4, 3, 16, 6

p.36 长方形，长方形，正方形

p.37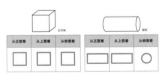

p.38

A	B	C	D	E	F	G
H	I	J	K	L	M	N
O	P	Q	R	S	T	U
V	W	X	Y	Z		

① A, E, F
② C, O, S
③ 15
④ 3
⑤ B, D, G, J, P, Q, R, U

p.39

p.40

4, 4, 4

5, 5, 5, 5

p.43 10, 20, 6×10=60
16, 18；40, 45；80, 90

p.45 284

p.46

304, 608, 608

111, 555, 555

234, 2, 468, 468

p.47 12, 24, 27, 21
12, 24, 32, 36

1	3	13	26	29	11	17	15	19
8	15	9	5	7	28	24	36	44
31	18	10	6	10	27	16	33	25
0	12	16	4	21	20	14	30	47

p.48

4, 36, 28, 20

p.49 112

8	1		9	0		7	8

p.50

7	9	0		3	6	5		6	2	7

	5	8
×		4
2	3	2

58 × 4 = 232, 232

1	0	9
×		3
3	2	7

109 × 3 = 327, 327

p.51

2	3	0
×		4
9	2	0

230 × 4 = 920, 920

p.53

百	十	个
	1	7
×	1	5
	8	5
1	7	
2	5	5

百	十	个
	2	3
×	1	4
	9	2
2	3	
3	2	2

百	十	个
	3	7
×	2	6
2	2	2
7	4	
9	6	2

百	十	个
	5	2
×	1	9
4	6	8
5	2	
9	8	8

百	十	个
	3	4
×	2	7
2	3	8
6	8	
9	1	8

百	十	个
	3	0
×	2	5
1	5	0
6	0	
7	5	0

p.56

$18 \div 2 = 9$

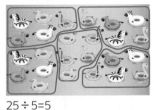

$25 \div 5 = 5$

p.57　22；0，0，0

p.58　1

2；10，4，162

10，10，30

p.59

7，7，28

```
    12        18        33        25
 3)37      3)55      3)99      3)75
    3         3         9         6
    7        25         9        15
    6        24         9        15
    1         1         0         0
```
```
    15        19        23        10
 4)60      4)77      4)92      4)43
    4         4         8         4
   20        37        12         3
   20        36        12         0
    0         1         0         3
```

p.60
```
   113       280       124       130
 3)339     3)842     4)499     4)520
    3         6         4         4
    3        24         9        12
    3        24         8        12
    9         2        19         0
    9                  16         0
    0                   3
```
```
    51
 3)153       153÷3=51
   15         51×3=153
    3
    3
    0          51
```

p.61
```
   148
 4)592       592÷4=148
    4         148×4=592
   19
   16         148
   32
   32
    0
```
```
   238
 3)714       714÷3=238
    6         238×3=714
   11
    9         238
   24
   24
    0
```

p.63　21
```
    41        31        75
11)451    12)372    10)750
   44        36        70
   11        12        50
   11        12        50
    0         0         0
```

p.66　答案略；$\frac{1}{4}$，$\frac{1}{2}$，$\frac{1}{2}$，$\frac{1}{4}$，1

p.67　1，2；$\frac{4}{5}$；$\frac{7}{9}$

p.68　$\frac{6}{11}$，$\frac{3}{9}$，$\frac{4}{7}$，$\frac{7}{8}$

p.69　2，1

p.70　10

p.71　$\frac{2}{5}$，$\frac{3}{7}$，$\frac{4}{9}$；

　6　4

8

7

p.72　$40 \times \frac{1}{5} = 8$（辆），8

$60 \times \frac{1}{3} = 20$（只），

$60 - 20 = 40$（只），40

$36 \times \frac{1}{4} = 9$（辆），

$36 - 9 = 27$（辆），27

p.73　答案略

p.74　$\frac{1}{2}$，$\frac{2}{4}$，$\frac{3}{6}$，$\frac{4}{8}$

p.75　$\frac{1}{3}$，$\frac{3}{9}$

$\frac{1}{2}$，$\frac{2}{4}$

$\frac{1}{4}$，$\frac{2}{8}$

$\frac{5}{5} = 1$，$\frac{6}{7}$，$\frac{10}{12} = \frac{5}{6}$，

$\frac{3}{9} = \frac{1}{3}$，$\frac{9}{15} = \frac{3}{5}$，$\frac{6}{8} = \frac{3}{4}$，

$\frac{2}{5}$，$\frac{3}{9} = \frac{1}{3}$，$\frac{2}{8} = \frac{1}{4}$，

$\frac{4}{6} = \frac{2}{3}$，$\frac{5}{11}$，$\frac{2}{14} = \frac{1}{7}$

p.79　100

p.80　24×100=2400，2400

6×100=600，600

300÷100=3，3

2500÷100=25，25

p.81　600，800，1000

p.82　3×1000=3000，3000

2×1000=2000，2000

250×20=5000，5000

5000÷1000=5，5

p.83　1000毫升

p.84　6×1000=6000，6000

5×1000=5000，5000

1000÷1000=1，1

9000÷1000=9，9

p.85　40，50

2，75；9，5；12，5

5，533；7，600；9，665

1，75；4，999；8，487

p.88

3，6，9，12

15分钟

p.89　3，15；9，45

两点四十五，2:45；九点四十五，9:4

p.90　2:55，7:35，8:10

p.91　180分钟，300分钟，

120分钟，240分钟，360分钟

2小时，3小时，

5小时，7小时，10小时

1，35；2，40；3，20；

3，45；5，30；7，0；7，50

p.92　答案略；一月，十二月；12个月，

365天

p.94 31天，5个，星期二，星期四

p.95 5个，4次，6月28日，星期三，6月24日，和娜娜在海边收集垃圾，6月20日

答案略

p.98 2，5，10

×　×　×

✓　✓　✓

×　✓　×

×　✓　✓

p.99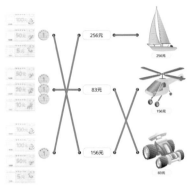

p.100

	5角	1元	5元	10元	20元	50元	100元
硬币和纸币的数量	8	7	3	2	4	3	3
钱币的面值	4元	7元	15元	20元	80元	150元	300元
所有的钱数				576元			

p.101 ① 5×2=10（元），

28+10=38（元），38元

② 2×28=56（元），

80+56=136（元），

200-136=64（元），64元

③10×9=90（元），

2×6=12（元），

90+12=102（元），

200-102=98（元），98元

④ 28+9+15+80+5+2+6=145（元）

200-145=55（元），55元

p.103 ①$\frac{5}{10}=\frac{1}{2}$，60×$\frac{1}{2}$=30（元），30元

②2千克=2×1000=2000克，

2000÷500=4，

4×3=12（元），12元

③2×5=10（元）

$\frac{5}{10}=\frac{1}{2}$，60×$\frac{1}{2}$=30（元）

2500÷500=5，5×3=15（元）

30+10+15=55（元），55元

④100-55=45（元），45元

p.106 右；后；袜子；前

p.107

答案略

p.108

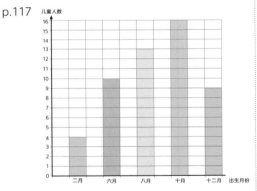

p.110

	步行方向	他们会经过哪里？	他们需要转弯吗？（不/左/右）
第1步	北	娜娜的家	不
第2步	北	餐厅	左
第3步	西	超市	-

	步行方向	他们会经过哪里？	他们需要转弯吗？（不/左/右）
第1步	北	银行	不
第2步	北	公园	左
第3步	西	游乐场	右
第4步	北	彬彬的家	左
第5步	西	面包店	-

	步行方向	他们会经过哪里？	他们需要转弯吗？（不/左/右）
第1步	西	娜娜的家	右
第2步	北	餐厅	不
第3步	北	面包店	右
第4步	东	彬彬的家	-

p.113 9，6，11

p.114 75名，40名，100名

○○○○，○，○○○○○○○，

○○○○○○○○○

p.115 4，5，5，16

p.116 6，4，11，8

p.117

儿童人数

（柱状图，横轴为出生月份：二月、六月、八月、十月、十二月）

p.118 体育运动，编程，9，8，25

p.119 5

45，70，45，85，30

p.120 140页，410页，800页，1240页

北京市版权局著作合同登记号：图字01-2022-2060

©2021 Alston Education Pte Ltd
The simplified Chinese translation is published by arrangement with Alston Education Pte Ltd through Rightol Media in Chengdu.
Simplified Chinese Translation Copyright ©2022 by Tianda Culture Holdings (China) Limited.

本书中文简体版权独家授予天大文化控股（中国）股份有限公司

图书在版编目（CIP）数据

新加坡数学开心课堂：提高版. 上 / 新加坡艾尔斯顿教育出版社主编；（新加坡）李慧恩著；大眼鸟译
. — 北京：台海出版社，2023.10
书名原文：Happy Maths 4
ISBN 978-7-5168-3635-4

Ⅰ．①新… Ⅱ．①新… ②李… ③大… Ⅲ．①数学－少儿读物 Ⅳ．①O1-49

中国国家版本馆CIP数据核字(2023)第169372号

新加坡数学开心课堂　提高版（上）

著　　者：新加坡艾尔斯顿教育出版社　主编　［新加坡］李慧恩　著　大眼鸟　译	
出 版 人：蔡　旭	策划编辑：罗雅琴　周姗姗
责任编辑：王　萍	美术编辑：李向宇

出版发行：台海出版社
地　　址：北京市东城区景山东街20号　　　　邮政编码：100009
电　　话：010-64041652（发行、邮购）
传　　真：010-84045799（总编室）
网　　址：www.taimeng.org.cn/thcbs/default.htm
E - mail：thcbs@126.com

经　　销：全国各地新华书店
印　　刷：小森印刷（北京）有限公司
本书如有破损、缺页、装订错误，请与本社联系调换

开　　本：889毫米×1194毫米	1/16
字　　数：67千字	印　　张：8.25
版　　次：2023年10月第1版	印　　次：2023年10月第1次印刷
书　　号：ISBN 978-7-5168-3635-4	
定　　价：158.00元（全4册）	

新加坡数学
开心课堂

新加坡艾尔斯顿教育出版社　主编　〔新加坡〕李慧恩　著

大眼鸟　译

台海出版社

大家好，我是牙牙！让我们一起勇敢地迎接挑战吧！

大家好，我是珠珠！让我们一起在数学的海洋中遨游！

嘿，我是米米！很开心可以和大家一起学习！

　　数学真有趣！它不仅能帮助人们解决生活中遇到的各种问题，还能让人们对身边发生的事情有更加深入的思考。

　　本系列是专门为3—12岁孩子量身定制的数学启蒙读物，为孩子展现了一个美妙而奇特的数学世界。这套书在设计上注重培养孩子主动学习的意识，着力于让孩子以互动的方式进行阅读和学习。这套书的每本分册都包含不同的主题，每个主题都由生动活泼的小动物带领着孩子一起进入，按照"具象化→形象化→抽象化"的学习路径，帮助孩子系统地掌握数学知识。我们坚信，只有让孩子找到学习数学的乐趣，他们才能更好地识记、理解和运用各种数学知识。

　　现在让我们跟随牙牙、珠珠和米米一起去神奇的数学世界冒险吧！

怎样使用这本书

本章引言

引言中的问题和场景帮助孩子将主题与现实生活联系起来。

学一学

介绍了重要的数学概念，帮助孩子夯实基础。

练一练

通过简洁的说明和示例，引出丰富的活动和练习，让孩子能够灵活运用所学概念。

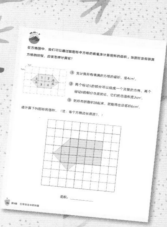

挑战一下

这个部分的问题难度更大一些，可以帮助孩子挖掘自身潜力。

复习一下

帮助孩子及时回顾学过的概念。

总结一下

每一章结束后，会带着孩子回顾和总结本章的学习内容，帮助孩子再次巩固学过的知识。

想一想！

提出问题引导孩子进行思考，帮助孩子运用学过的概念来完成各项任务。

你知道吗？

介绍了与主题相关的小知识，帮助孩子拓宽知识面，提高孩子学习数学的兴趣。

目录 CONTENTS

本册内容结构表

学习领域	学习主题	主要知识点	第1章	第2章	第3章	第4章	第5章	第6章	第7章	第8章	第9章	第10章	第11章	第12章	第13章	第14章
数与运算	数的认识	100000以内数的认识	✓													
		认识小数						✓								
		认识假分数和带分数							✓							
	数的运算	100000以内的加法		✓												
		10000以内的减法			✓											
		乘法				✓										
		除法					✓									
		用"四舍五入"法估算	✓	✓	✓	✓										
		小数的加减乘除						✓								
		同分母、异分母分数加减法							✓							
	正反比例	比例尺									✓					
图形与几何	图形的认识	辨别平面图形和立体图形												✓		
		平面展开图												✓		
		四边形												✓		
		点、直线、线段和射线													✓	
		认识角													✓	
	测量	千米、米、厘米								✓						
		吨、千克、克								✓						
		升和毫升								✓						
		周长和面积								✓						
		正方体和长方体的表面积												✓		
		角的度量													✓	
	位置与方向	基本方位														✓
		中间方位														✓
统计	图表	收集和表示数据														
综合与实践	时间	24时计时法										✓				
		时间的加减乘除										✓				
	货币	元、角、分											✓			
		货币的计算											✓			

第 1 章

100000以内的数

你认识100000以内的数吗？

你们知道每年到国家公园的游客约有55000人吗？

我都等不及去国家公园旅行了！彬彬、波波、娜娜也会和我们一起去！

国家公园

欢迎你的到来！

哇，听起来有很多人哪！

55000的汉字写法是什么？

我们怎样数到55000呢？

学习目标

· 认、读、写100000以内的数，知道它们的汉字写法
· 用数位数到100000
· "四舍五入"法和估算

1

100000以内的数

千	百	十	个

1	1	1	1

一共有多少粒种子？ _____

我们知道，10个一千可以组成10000。

我们可以一万一万地数！每个桶代表10000粒种子。

谁知道10000粒种子会有这么重！

让我们看看怎样一万一万地数！

我们在万位数的后面写4个0来表示它的实际值。10000里有4个0！

种子	数量	读作
	10000	一万

种子	数量	读作
	20000	二万
	30000	三万
	40000	四万
	50000	五万
	60000	六万
	70000	七万
	80000	八万
	90000	九万
	100000	十万

1 连一连。

 20880

 53920

 10695

 36270

 68465

| 六万八千
四百六十五 | 三万六千
二百七十 | 二万零八百八十 | 五万三千
九百二十 | 一万零六百
九十五 |

2 请写出下列各数的汉字写法。

27627 _____

41042 _____

67899 _____

3 请先写出下面的数，然后把数和汉字对应，解开谜题。

身体半球形，背上七颗星，
棉花喜爱它，捕虫它最行。

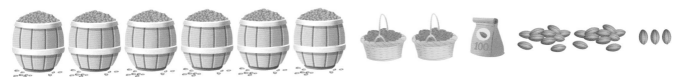

万	千	百	十	个

瓢

万	千	百	十	个

虫

万	千	百	十	个

星

万	千	百	十	个

七

- -
　　　23224　　　　30516　　　　62123　　　　14051
- -

5

"四舍五入" 法

你知道50000的前一个数和后一个数分别是多少吗？

前一个数	数字	后一个数
	50000	

一个数的前一个数是比这个数小1的数。

一个数的后一个数是比这个数大1的数。

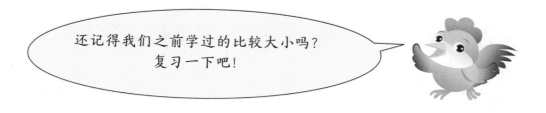

还记得我们之前学过的比较大小吗？
复习一下吧！

请在下面表格中用"＞""＜"或"＝"填空。

50		55
380		315
4276		4276

在日常生活中，人们经常使用近似数。我们可以用"四舍五入"法求一个数的近似数。

当需要保留的数位后一位的数小于5的时候，把保留数位后面的数全舍去，改写成0；当需要保留的数位后一位的数大于或等于5的时候，向前一位进1，再把保留数位后面的数全舍去，改写成0。像这样求近似数的方法叫作"四舍五入"法。

用"四舍五入"法求近似数时：

· 如果把一个数保留到十位，要看个位上的数。

· 如果把一个数保留到百位，要看十位上的数。

· 如果把一个数保留到千位，要看百位上的数。

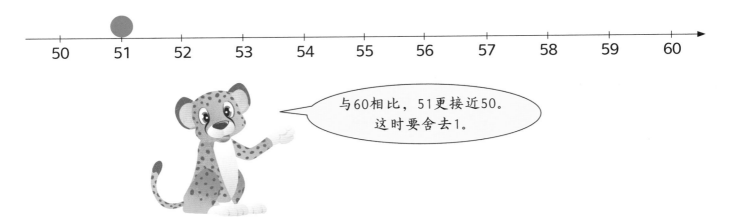

与60相比，51更接近50。
这时要舍去1。

把51四舍五入到十位得到的数是50。

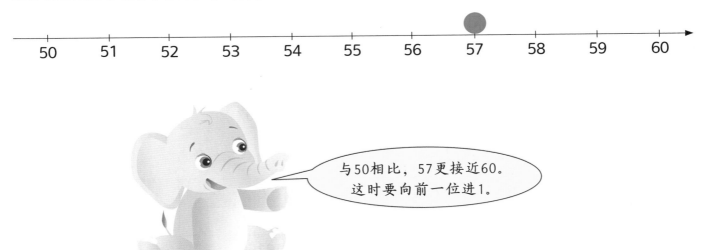

与50相比，57更接近60。
这时要向前一位进1。

把57四舍五入到十位得到的数是60。也可以写成57 ≈ 60。

"≈"的意思是"约等于"。在我们"四舍五入"时，会经常用到它。

练一练

1 请完成下列表格。

小1	数	大1
	63000	
35882		
		21537
		75000
	99999	

2 用 ">" "<" 或 "=" 填空。

44679		44635		18446		19006
67800		62999		56704		56704
72119		72973		85087		85090

3 请把下面的数四舍五入到十位。

数	四舍五入后
65	
39	
106	

数	四舍五入后
621	
4413	
50007	

4 请把下面的数四舍五入到百位。

数	四舍五入后
403	
788	
924	

数	四舍五入后
2467	
10166	
76801	

5 请把下面的数四舍五入到千位。

数	四舍五入后
6300	
8299	
12852	

数	四舍五入后
55550	
3499	
64032	

读一读，解开下列数字谜题。

① 珠珠想到了一个五位数。

· 万位上的数是1。　　　　　　　· 百位上的数比个位上的小3。

· 个位上的数是万位上的5倍。　· 十位和千位上的数都比10小1。

这个数是_____。

② 彬彬想到了一个五位数。

· 个位上的数和蜘蛛腿的数量一样多。　· 千位上的数比百位上的大5。

· 百位上的数是2的1倍。　　　　　　　· 十位和万位上的数都是个位上的一半。

这个数是_____。

③ 娜娜想到了一个五位数。

· 十位上的数是3的2倍。　　　　　· 万位上的数比千位上的大4。

· 个位上的数比十位上的小6。　　　· 百位上的数等于万位上的数除以5。

· 千位上的数等于5除以5。

这个数是_____。

你知道吗？

　　数独是一种数字游戏，玩家要让每一行、每一列、每一宫中的数字只出现一次。现代数独起源于瑞士，现在全世界的人都在玩这个游戏。让我们来玩一下数独游戏吧！

请在空格内填上数字1到4。每一行、每一列中，数字1到4只能出现一次。

	2		
			2
2	1	4	
4		2	

3	4		
	2	4	3
4		3	
			1

1 请把下列各数按升序排列。

我们之前学过，把数按升序排列是指将它们按照递增的顺序排列。

 30201  68762  25945  25094  44723

_____ _____ _____ _____ _____

 60005  23660  21915  53811  49787

_____ _____ _____ _____ _____

 16792  43844  32606  81557  67463

_____ _____ _____ _____ _____

2 请把下列各数按降序排列。

记住，按降序排列就是把数按照递减的顺序排列。

 33026 21813 8099 12444 46022

_____ _____ _____ _____ _____

 93323
 77078
 40766
 35635
 50921

---

3 请找出规律，然后填一填。

我们可以按照前后相差2个数、3个数、4个数、5个数、10个数，甚至更多数的规律递增或递减！

| 30005 | 30010 | | | | |

| 78034 | 78037 | | | 78046 | |

| 23500 | | 23700 | | | 24000 |

| 47850 | 47650 | | | 46850 | |

| 99699 | 99695 | | 99687 | | | | |

这一章学完了，感觉怎么样？圈出你的感受吧！

你觉得这一章的内容＿＿＿＿＿＿＿。（圈一圈）

简单　　　　　　　　　正常　　　　　　　　　有难度

你认识100000以内的数吗？（请写一写）

你能读出100000以内的数吗？

45672读作：

你能用"四舍五入"法求一个数的近似数吗？（请写一写）

你能找出100000以内的数的规律吗？

加 法

怎样进行100000以内的加法运算？

两个湖的面积加起来是多少？

娜娜说的"估算"是什么意思？

怎么估算这些数的和？

学习目标

· 用数位做100000以内的加法

· 100000以内的进位加法

· 用"四舍五入"法估算100000以内的加法

· 运用100000以内的加法解决实际问题

学一学

100000以内的加法

请把下面的数相加，必要的时候要进位。

千	百	十	个
7	5	6	6
+ 1	3	3	5

千	百	十	个
4	7	9	1
+ 2	0	9	9

万位用"万"来表示。请把下面的数相加。

万	千	百	十	个
1	5	3	2	7
+ 1	1	3	6	1

练一练

① 计算下列加法，需要的时候进位，然后把得数和汉字对应，解开谜题。

宋代诗人苏轼描写鸭子的一句诗句，
你知道吗？

鸭

万	千	百	十	个
2	6	7	8	5
+ 3	2	1	3	1

暖

万	千	百	十	个
1	4	7	6	6
+ 2	5	2	2	1

先

	万	千	百	十	个
	5	8	4	1	7
+	2	1	5	3	2

江

	万	千	百	十	个
	4	3	2	8	1
+	3	4	7	1	6

水

	万	千	百	十	个
	7	1	8	0	0
+			1	5	7

春

	万	千	百	十	个
	9	0	2	0	3
+		9	7	0	6

	万	千	百	十	个
	6	5	3	3	1
+	1	4	6	1	7

知

	万	千	百	十	个
	5	4	1	1	1
+	4	4	4	9	9

_____   _____   _____   _____   _____   _____   _____   _____
99909   77997   71957   39987   58916   79949   98610   79948

2 计算下一页加法，把得数和颜色密码对应，为图画涂上颜色。

颜色密码：

A – 蓝色	B – 橙色	C – 淡绿色
D – 深棕色	E – 浅棕色	F – 黄色

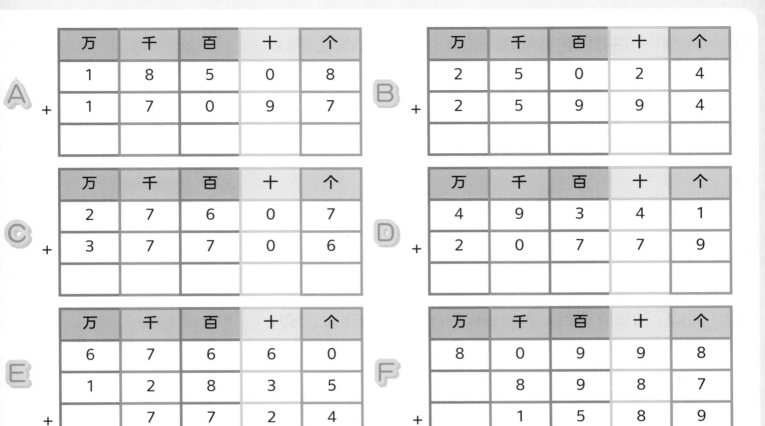

A +

万	千	百	十	个
1	8	5	0	8
1	7	0	9	7

B +

万	千	百	十	个
2	5	0	2	4
2	5	9	9	4

C +

万	千	百	十	个
2	7	6	0	7
3	7	7	0	6

D +

万	千	百	十	个
4	9	3	4	1
2	0	7	7	9

E +

万	千	百	十	个
6	7	6	6	0
1	2	8	3	5
	7	7	2	4

F +

万	千	百	十	个
8	0	9	9	8
	8	9	8	7
	1	5	8	9

 学一学

用"四舍五入"法估算

我们怎样用"四舍五入"法估算加法呢？

我们可以先分别把相加的数通过四舍五入来简化一下，然后再做加法，就能得到它们的估算值。这个结果只是一个估算值，和实际运算结果近似。

$$52 + 37 \approx \ ?$$

52四舍五入到十位得到的数是50。

37四舍五入到十位得到的数是40。

50	+	40	=	

17

1 请把下列各数四舍五入到十位然后相加，估算出得数。

164 + 405 ≈ ☐   833 + 69 ≈ ☐   1744 + 588 ≈ ☐

2 请把下列各数四舍五入到百位然后相加，估算出得数。

1445 + 2965 ≈ ☐   6049 + 461 ≈ ☐   12104 + 12687 ≈ ☐

3 请把下列各数四舍五入到千位然后相加，估算出得数。

24641 + 9566 ≈ ☐   47223 + 20067 ≈ ☐   73775 + 19359 ≈ ☐

4 请分别在下面两个圆盘中选择一个数，求出它们的和写在方框里。

（注：每个数只能用一次。）

和：

1.	2.	3.
4.	5.	6.

我一直不知道国家公园
有这么大！

读一读，解决下列实际问题，请写清楚计算过程。

1 国家公园去年接待了40938名游客，今年接待了55329名游客。国家公园两年
一共接待了多少名游客？

□ + □ = □ （名）

国家公园两年一共接待了_____名游客。

2 国家公园居住着23544只鸟，今年又飞来43210只鸟。现在国家公园大约有多少只鸟？请四舍五入到千位再计算。

$$\boxed{} \quad + \quad \boxed{} \quad ≈ \quad \boxed{} \quad （只）$$

现在国家公园大约有_____只鸟。

3 国家公园前一周的收入是55977元，本周的收入是43800元。国家公园两周的收入一共是多少元？

$$\boxed{} \quad + \quad \boxed{} \quad = \quad \boxed{} \quad （元）$$

国家公园两周的收入一共是_____元。

4 国家公园里的豹子前年吃了12652千克肉，去年吃了12437千克肉，今年吃了16779千克肉。三年时间豹子一共吃了多少千克肉？

$$\boxed{} \quad + \quad \boxed{} \quad + \quad \boxed{} \quad = \quad \boxed{} \quad （千克）$$

三年时间豹子一共吃了_____千克肉。

总结一下

这一章学完了，感觉怎么样？圈出你的感受吧！

你觉得这一章的内容_____。（圈一圈）

简单　　　　　　　　　正常　　　　　　　　　有难度

你会用数位做100000以内的加法吗？

你知道怎样做100000以内的进位加法吗？

计算23974加27836。

你知道怎样用"四舍五入"法估算100000以内的加法吗？

把45706和32550四舍五入到千位，再相加，估算出得数。

减 法

怎样进行10000以内的退位减法运算？

候鸟飞走了！

如果这个公园里有10000只鸟，飞走了3500只，还剩多少只鸟？

我们怎样减去这么大的数呢？

怎样从10000中减去3500？

学习目标

· 用数位做10000以内的减法

· 10000以内的退位减法

· 用"四舍五入"法估算10000以内的减法

· 运用10000以内的减法解决实际问题

10000以内的减法

计算下列减法，并用加法验算。

百	十	个
4	4	6
− 2	3	3

百	十	个
7	3	5
− 6	1	5

百	十	个
5	0	1
− 3	9	4

加法验算：

百	十	个
2	3	3
+		

百	十	个
6	1	5
+		

百	十	个
3	9	4
+		

加法验算：

千	百	十	个
4	3	0	3
− 2	2	6	9

千	百	十	个
2	2	6	9
+			

退位减法：

接下来让我们运用退位来计算一下7145减4205。

第1步：

个位和十位分别进行减法运算。

千	百	十	个
7	1	4	5
− 4	2	0	5
		4	0

5个一 − 5个一 =?

4个十 − 0个十 =?

23

第2步：

百位上的数不够减，
从千位退位再减。

千	百	十	个
7	<u>1</u> 1	4	5
− 4	2	0	5
	9	**4**	**0**

1个百不能减去2个百，
要从千位上退1个千。
1千=10个百。

11个百−2个百=9个百

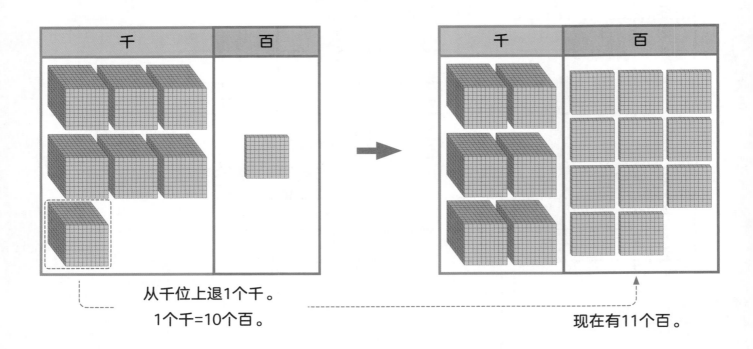

从千位上退1个千。
1个千=10个百。

现在有11个百。

第3步：

进行千位上的减法
运算。

千	百	十	个
<u>6</u> 7̶	<u>1</u> 1	4	5
− 4	2	0	5
2	**9**	**4**	**0**

千位上退1个千还剩6个千，
6个千减去4个千等于2个千。

6个千−4个千=2个千

请先计算下列减法，然后完成填数游戏。

横向：

1 | 80 | − | 21 | =
2 | 20 | − | 6 | =
4 | 1062 | − | 363 | =
5 | 1001 | − | 303 | =

7 | 901 | − | 250 | =
8 | 50 | − | 13 | =
10 | 1050 | − | 300 | =
11 | 38 | − | 9 | =

纵向：

1 | 6875 | − | 1809 | =
2 | 27 | − | 8 | =
3 | 7218 | − | 2255 | =

4 | 9606 | − | 2791 | =
6 | 1311 | − | 354 | =
9 | 989 | − | 260 | =

请先计算下列减法，然后解开谜题。

旅途中难免会出现意外，但同时也充满了乐趣。我们需要多读书，也要多参加实践，从而增长知识。蕴含这个意思的名言是什么呢？

万 −

千	百	十	个
5	0	9	7
2	9	8	9

书 −

千	百	十	个
3	3	1	2
1	6	6	7

 里 −

千	百	十	个
2	0	0	8
	6	4	9

 卷 −

千	百	十	个
8	0	9	0
5	4	9	0

万 −

千	百	十	个
7	9	1	2
5	0	3	3

路 −

千	百	十	个
4	8	7	7
2	9	8	0

行 −

千	百	十	个
9	5	4	5
7	7	0	0

 读 −

千	百	十	个
8	1	0	8
6	9	9	9

___ ___ ___ ___ ，___ ___ ___ ___

1109　2879　2600　1645　1845　2108　1359　1897

用"四舍五入"法估算

要记住，把一个数保留到十位时，如果个位上的数小于5，要把它舍去，改写成0；如果个位上的数大于或等于5，要向前一位进1，再把它改写成1。

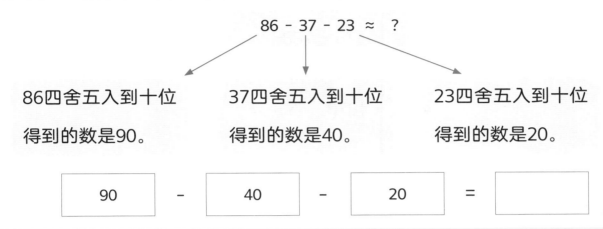

$$86 - 37 - 23 ≈ ?$$

| 86四舍五入到十位得到的数是90。 | 37四舍五入到十位得到的数是40。 | 23四舍五入到十位得到的数是20。 |

90 — 40 — 20 = ☐

练一练

① 请把下列各数四舍五入到十位然后做减法，估算出得数。

78 - 19 - 37 ≈ ☐

166 - 35 - 74 ≈ ☐

1289 - 446 - 387 ≈ ☐

② 请把下列各数四舍五入到百位然后做减法，估算出得数。

383 - 104 ≈ ☐

1472 - 932 - 198 ≈ ☐

8304 - 1377 - 295 ≈ ☐

3 请把下列各数四舍五入到千位然后做减法，估算出得数。

$$6790 - 1421 \approx \boxed{}$$

$$9376 - 7883 \approx \boxed{}$$

$$4265 - 1870 - 793 \approx \boxed{}$$

挑战一下

读一读，解开下列数字谜题。

1 珠珠想到了10000这个数。

先减去5439。

然后加上1095。

再减去2851。

再减去846。

最后的得数是多少？_____

2 娜娜想到了一个数。

这个数加上3800。

然后加上289。

再减去1065。

得数再除以2。

最后的得数是3784。

娜娜一开始想到的数是多少？_____

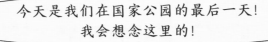

今天是我们在国家公园的最后一天！
我会想念这里的！

解决下列实际问题，请写清楚计算过程。

1 去年国家公园里有5307条蛇，今年有6048条蛇。今年国家公园里的蛇比去年多多少条？

		-			=			（条）

今年国家公园里的蛇比去年多_____条。

2 本周一共有8513名游客到国家公园游玩。其中4026名游客参加了半日游，其余游客参加了一日游。本周有多少名游客参加了一日游？

		-			=			（名）

本周有_____名游客参加了一日游。

3 国家公园里一共有10000棵树。其中1308棵在季风季节被风吹倒了，还有多少棵树没被吹倒？

		-			=			（棵）

还有_____棵树没被吹倒。

总结一下

这一章学完了，感觉怎么样？圈出你的感受吧！

你觉得这一章的内容________。（圈一圈）

简单　　　　正常　　　　有难度

你会用数位做10000以内的减法吗？

你知道怎样用“四舍五入”法估算10000以内的减法吗？

把3645和2951四舍五入到百位，再计算它们的差。

你知道怎样做10000以内的退位减法吗？

计算9101减5233。

第 **4** 章

乘 法
你会三位数和四位数的乘法吗？

游览古城每位游客278元！

我们今天来到了
古城！

那总共要花多少钱呢？

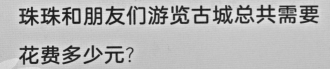

珠珠和朋友们游览古城总共需要

花费多少元？

学习目标

· 6、7、8、9的乘法
· 进位乘法
· 用"四舍五入"法估算乘法

· 三位数乘两位数
· 运用乘法解决实际问题

31

6、7、8、9的乘法

请给下列每个数写三个乘法算式。

数	算式1	算式2	算式3
2	2×9=18	2×3=6	2×10=20
3			
4			
5			
10			

请计算下列乘法，需要的时候进位。

百	十	个
4	3	4
×		2

百	十	个
2	2	8
×		4

百	十	个
1	4	5
×		5

千	百	十	个
	5	7	7
×			3

让我们一起学习6、7、8、9的乘法！

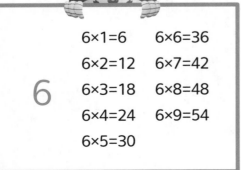

6	6×1=6 6×6=36
	6×2=12 6×7=42
	6×3=18 6×8=48
	6×4=24 6×9=54
	6×5=30

观察左边的乘法表，在方框中填上得数。

6×5等于多少？ ☐

6×7等于多少？ ☐

6×9等于多少？ ☐

6×8等于多少？ ☐

请从头到尾背诵6的乘法表。

7	7×1=7 7×6=42
	7×2=14 7×7=49
	7×3=21 7×8=56
	7×4=28 7×9=63
	7×5=35

观察左边的乘法表，在方框中填上得数。

7×7等于多少？ ☐   7×3等于多少？ ☐

7×4等于多少？ ☐   7×5等于多少？ ☐

请从头到尾背诵7的乘法表。

8	8×1=8 8×6=48
	8×2=16 8×7=56
	8×3=24 8×8=64
	8×4=32 8×9=72
	8×5=40

观察左边的乘法表，在方框中填上得数。

8×4等于多少？ ☐   8×9等于多少？ ☐

8×7等于多少？ ☐   8×6等于多少？ ☐

请从头到尾背诵8的乘法表。

9	9×1=9 9×6=54
	9×2=18 9×7=63
	9×3=27 9×8=72
	9×4=36 9×9=81
	9×5=45

观察左边的乘法表，在方框中填上得数。

9×2等于多少？ ☐   9×5等于多少？ ☐

9×8等于多少？ ☐   9×4等于多少？ ☐

请从头到尾背诵9的乘法表。

練一練

1 请根据下面的颜色密码给方格涂色。

颜色密码：

6的倍数——红色

7的倍数——绿色

8的倍数——棕色

9的倍数——蓝色

9	117	16	135	45
27	99	8	90	108
35	30	32	12	21
7	12	6	66	49
28	60	30	60	14
99	6	66	30	81
81	45	12	9	27

2 请计算下列乘法算式，与它们的得数相连。

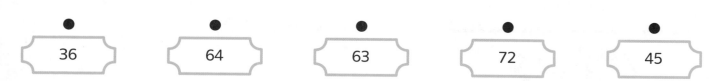

7 × 9	8 × 9	9 × 5	6 × 6	8 × 8
●	●	●	●	●

●	●	●	●	●
36	64	63	72	45

3 请计算下列乘法算式，完成表格。

算式	得数	读作
6 × 7	42	四十二
8 × 5		
7 × 6		
9 × 9		
8 × 4		
9 × 3		

进位乘法

请计算下面的乘法。

千	百	十	个
	3	6	8
×			8

你还记得怎样做
进位乘法吗？

两位数乘两位数

请计算下面的乘法。

千	百	十	个
		9	6
×		1	6

用"四舍五入"法估算乘法

我们可以用"四舍五入"法来估算一下上面的乘法。

$$96 \times 16 \approx$$

96四舍五入到十位
得到的数是100。

16四舍五入到十位得
到的数是_____。

把上面四舍五入之后得到的数相乘。

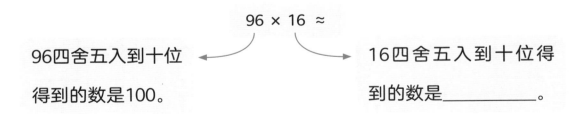

| 100 | × | 20 | = | |

这个结果只是一个估算的值，和实际值相近。

1 请先四舍五入到十位再相乘，把估算得数填在方框里。然后再列竖式计算实际得数。

25	×	25	≈	

51	×	77	≈	

69	×	78	≈	

	百	十	个
		2	5
×		2	5

	千	百	十	个
			5	1
×			7	7

	千	百	十	个
			6	9
×			7	8

2 请计算下列乘法，然后在下面的填数游戏中圈出得数。

	千	百	十	个
		1	6	7
×				8

	千	百	十	个
			7	5
×			1	5

	千	百	十	个
		5	8	3
×				7

	千	百	十	个
1	6	3	0	
×				6

	千	百	十	个
			4	8
×			3	7

	千	百	十	个
1	0	4	5	
×				9

9	7	1	1	1	2	5
4	1	3	3	6	7	9
0	5	5	4	1	4	7
5	2	1	9	1	9	8
7	8	7	2	3	2	0
3	4	0	8	1	2	3
9	7	3	1	7	7	6

3 每天大约有590名游客参观古城。估算一下一周内参观这座古城的游客人数，请先将每天的游客数四舍五入到百位再计算。

千	百	十	个
×			

一周内参观这座古城的游客大约有_____名。

4 古城里生活着488只猴子，附近城市中生活的猴子数量是古城的8倍。附近城市中生活着多少只猴子？

千	百	十	个
×			

附近城市中生活着_____只猴子。

5 进入古城每人需要支付465元。如果珠珠和朋友们共有6个人，一共需要支付多少钱？

千	百	十	个
×			

一共需要支付_____元钱。

三位数乘两位数

大家会用三位数乘两位数吗？

计算649乘15。

第1步：

三位数的个位与两位数的个位相乘。整十的数进到十位。

千	百	十	个
	6	4	9
×		1	4 5
			5

$5×9=45$，

45个一=4个十+5个一，

把4个十进到十位。

第2步：

三位数的十位与两位数的个位相乘，再与个位相乘进位上来的数相加。整百的数进到百位。

千	百	十	个
	6	4	9
×	2	1 4	5
		4	5

$5×4$个十=20个十，

20个十+4个十=24个十，

24个十=2个百+4个十，

把2个百进到百位。

第3步：

三位数的百位与两位数的个位相乘，再与十位相乘进位上来的数相加。整千的数进到千位。

千	百	十	个
	6	4	9
×	3 2	1 4	5
2	4		5

$5×6$个百=30个百，

30个百+2个百=32个百。

32个百=3个千+2个百，

把3个千进到千位。

第4步：

进到千位的数和千位上的数相加得数写到千位上，这样我们就完成了个位上的5的乘法。

千	百	十	个
	6	4	9
×	3	2 1	4 5
3	2	4	5

千位上的数是0，

0个千+3个千=3个千，

在得数的千位上写3。

649×5=3245。

第5步：

三位数的个位与两位数的十位相乘。必要的时候要进位。

千	百	十	个
	6	4	9
×	3	2 1	4 5
3	2	4	5
		9	

1个十×9=9个十，

因为这里是用十位上的1去乘，所以在十位的下面写9。

第6步：

三位数的十位和百位分别与两位数的十位相乘。整千的数进到千位。

千	百	十	个
	6	4	9
×	3	2 1	4 5
3	2	4	5
6	4	9	

1个十×4个十=4个百，

1个十×6个百=6个千，

649×1个十=6490。

把两个得数相加。

千	百	十	个
	6	4	9
×	3 2	1 4	5
3	2	4	5
6	4	9	

649	×	15	=	

请计算下列乘法，写清楚计算过程。

千	百	十	个
	2	8	8
×		2	6

千	百	十	个
	5	2	5
×		1	7

千	百	十	个
	4	6	7
×		1	9

千	百	十	个
	4	2	6
×		2	3

千	百	十	个
	2	9	9
×		3	2

千	百	十	个
	6	0	3
×		1	5

总结一下

这一章学完了，感觉怎么样？圈出你的感受吧！

你觉得这一章的内容_____。（圈一圈）

简单　　　　　　　　正常　　　　　　　　有难度

你会做6、7、8、9的乘法吗？

你知道怎样用"四舍五入"法估算乘法吗？

把56和138分别四舍五入到十位，然后计算乘法。

你能用三位数乘两位数吗？

计算572乘29。

41

第 5 章

除 法
你会三位数和四位数的除法吗？

我们终于到达了海滩！
我们的旅程一共用了4小时
30分钟！

我们的旅程中有5个站，
真是件开心的事！

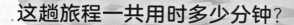

这趟旅程一共用时多少分钟？

如果珠珠和朋友们的旅程中站和站之间用时
相等，他们到达每一站的旅程用时多久？

学习目标

· 除数是6、7、8、9的除法

· 除数是两位数的除法

· 用"四舍五入"法估算除法

· 运用除法解决实际问题

除数是6、7、8和9的除法

我们前面学习了除数是1、2、3、4、5和10的除法。

珠珠在一张照片中发现了40片树叶，他想把这些树叶分成每8片一组。总共可以分成多少组？请写出除法算式。

$$\boxed{} \div \boxed{} = \boxed{}$$

你知道吗？根据乘法表，既能写出乘法算式，也能写出除法算式！

8	8×1=8 8×6=48
	8×2=16 8×7=56
	8×3=24 8×8=64
	8×4=32 8×9=72
	8×5=40

请在乘法表中圈出得数是40的乘法算式。

我们可以看到8乘5的得数是40。

所以，40除以8的得数是_____。

用乘法表可以帮我们轻松地计算除法。

练一练

请在下列乘法表的帮助下，完成除法竖式。如果除不尽，请写上余数。

6	
6×1=6	6×6=36
6×2=12	6×7=42
6×3=18	6×8=48
6×4=24	6×9=54
6×5=30	

7	
7×1=7	7×6=42
7×2=14	7×7=49
7×3=21	7×8=56
7×4=28	7×9=63
7×5=35	

8	
8×1=8	8×6=48
8×2=16	8×7=56
8×3=24	8×8=64
8×4=32	8×9=72
8×5=40	

9	
9×1=9	9×6=54
9×2=18	9×7=63
9×3=27	9×8=72
9×4=36	9×9=81
9×5=45	

6) 7 3

8) 9 0

7) 6 1

9) 1 0 7

7) 1 5 5

9) 3 8 9

7) 6 7 8

6) 9 2 8

9) 1 0 6 3

8) 4 1 6 9

6) 2 8 4 4

8) 7 3 7 2

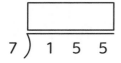

除数是两位数的除法

计算2568除以12。

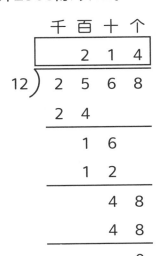

```
        千 百 十 个
            2 1 4
  12 )  2 5 6 8
        2 4
        ─────
          1 6
          1 2
        ─────
            4 8
            4 8
        ─────
              0
```

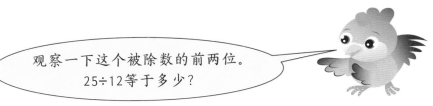

如果除数是两位数，我们就要从被除数的前面两位开始除。

观察一下这个被除数的前两位。25÷12等于多少？

所以2568除以12的得数是_____。

用"四舍五入"法估算除法

我们可以分别把除数和被除数四舍五入到十位，再进行除法计算，得出来一个

估算的结果。

$$2568 \div 12$$

$$2568 \approx 2570 \qquad\qquad 12 \approx 10$$

四舍五入后计算除法，估算出得数。

```
        千 百 十 个
            2 5 7
  10 )  2 5 7 0
        2 0
        ─────
          5 7
          5 0
        ─────
            7 0
            7 0
        ─────
              0
```

2568	÷	12	≈	

这个结果只是一个估算的值，和实际值相近。

练一练

我要去练习风筝冲浪，帮我装饰一下风筝吧！

1 计算下列除法，把结果和风筝上的数对应，然后把对应的图案画在风筝上。

千	百	十	个

11) 2 5 5 2

千	百	十	个

14) 3 0 9 4

千	百	十	个

12) 4 9 6 8

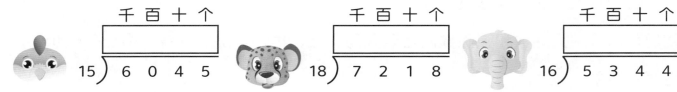

千	百	十	个

15) 6 0 4 5

千	百	十	个

18) 7 2 1 8

千	百	十	个

16) 5 3 4 4

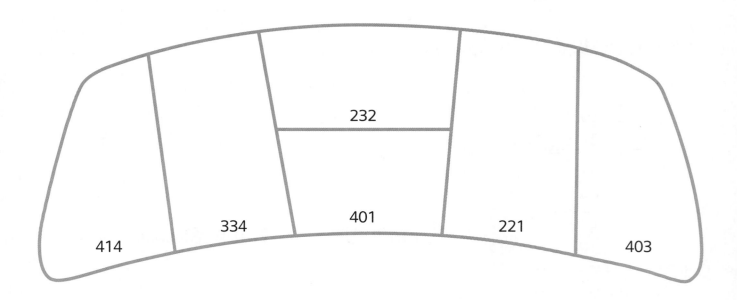

232

334　401　221

414　　　　　403

46　第5章　除法

2 把下面的数先四舍五入到十位，再列竖式计算除法。

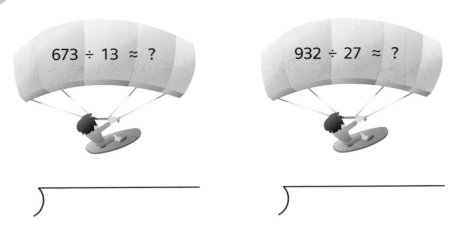

673 ÷ 13 ≈ ?

932 ÷ 27 ≈ ?

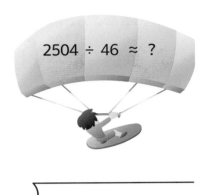

2504 ÷ 46 ≈ ?

3 把下面的数先四舍五入到百位，再列竖式计算除法。

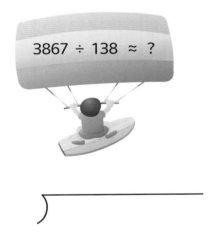

3867 ÷ 138 ≈ ?

3177 ÷ 355 ≈ ?

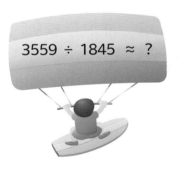

3559 ÷ 1845 ≈ ?

请根据题意列出除法算式，并用乘法进行验算。

① 珠珠一家在海边租了一间公寓，花了9528元。他们一共有6个人，每人需要支付多少钱？

　　□□□□　÷　□□□□　=　□□□□　（元）

验算：

　　□□□□　×　□□□□　=　□□□□

　　　　　　每人需要支付＿＿＿＿＿＿元钱。

② 冲浪学校9个月一共出租了18378次冲浪板。这所学校平均每个月出租多少次冲浪板？

　　□□□□　÷　□□□□　=　□□□□　（次）

验算：

　　□□□□　×　□□□□　=　□□□□

　　　　　　这所学校平均每个月出租＿＿＿＿＿＿次冲浪板。

3 从早上8点到下午3点，一共有4725名游客乘坐吉普车。如果每小时乘坐的人数相同，那么每小时有多少名游客乘坐吉普车？

$$\boxed{} \div \boxed{} = \boxed{} （名）$$

验算：

$$\boxed{} \times \boxed{} = \boxed{}$$

每小时有_____名游客乘坐吉普车。

计算除法之前要数一数从早上8点到下午3点一共有多少个小时。

4 海滩餐厅里6篮水果的售价是1860元（每篮水果的售价相同）。4篮水果的售价是多少元？

1篮水果的售价：

$$\boxed{} \div \boxed{} = \boxed{} （元）$$

4篮水果的售价：

$$\boxed{} \times \boxed{} = \boxed{} （元）$$

4篮水果的售价是_____元。

我们可以先用除法求出1篮水果的售价，再用乘法求出4篮水果的总售价。

1 读一读，解开下列谜题。

我是商，在1和20之间。
除数是3×3的得数。
被除数是121和41的和。
我是多少？_____

我是被除数，在100到200之间。
商等于161减64。
除数是2×1的得数。
我是多少？_____

2 请仔细观察图片之间的关系，想一想，解开下列谜题。

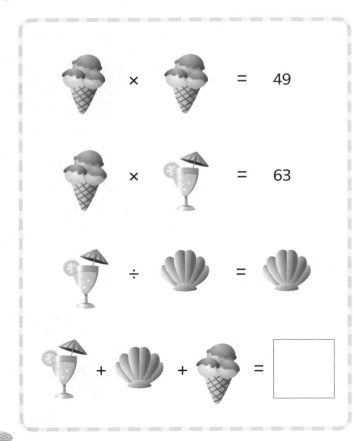

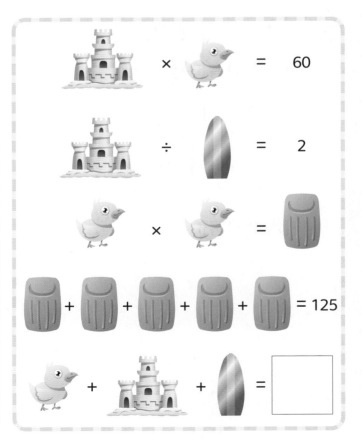

总结一下

这一章学完了，感觉怎么样？圈出你的感受吧！

你觉得这一章的内容_____。（圈一圈）

简单　　　　　　　　　正常　　　　　　　　　有难度

你会做除数是6、7、8、9的除法吗？　○

你会做除数是两位数的除法吗？　○

用竖式计算8346除以13。

你会用"四舍五入"法估算除法吗？　○

把6952和53分别四舍五入到十位，然后进行除法计算。

小 数

什么是小数？

我们现在在海平面以下3.7米，这些珊瑚太漂亮了！

我们现在就去吧！

我听说如果我们再往下潜3.35米，会看到更多的珊瑚！

娜娜、牙牙和波波要下潜到海平面以下多深才可以看到更多的珊瑚？

学习目标

· 认识小数
· 小数的加减
· 小数的乘除

· 小数和分数
· 比较小数的大小

52

认识小数

请写出下面每个数的数位的值。

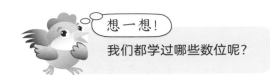

想一想！

我们都学过哪些数位呢？

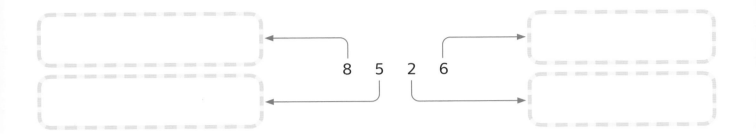

8 5 2 6

上面的数是整数吗？　　是　　否

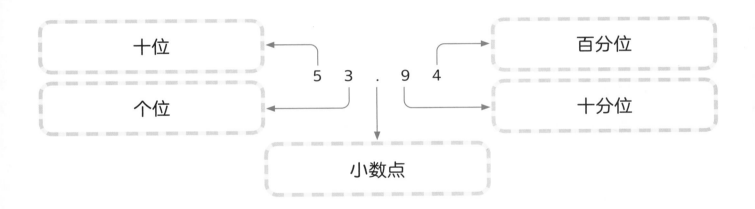

十位		百分位
个位	5 3 . 9 4	十分位

小数点

上面的这个数读作：五十三点九四。它不是整数，是小数。

小数是一种表示非整数的方法。

小数点左边的数是整数部分。请把上面数的整数部分圈出来。

小数点右边的数是小数部分。请给上面数的小数部分下方画线。

比较小数的大小

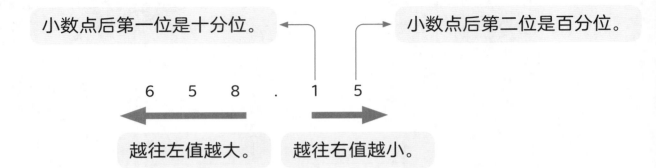

十分位上1的值是0.1，表示十分之一，读作零点一。用数轴来表示为：

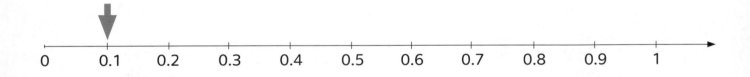

0.1介于0和1之间。

0.3比0.1大多少？请从前往后数，在上面的数轴上画出箭头。

百分位上5的值是0.05，表示5个百分之一，读作零点零五。

0.05位于0和0.1的正中间。

0.04比0.05小多少？请从后向前数，在上面的数轴上画出箭头。

0.1和0.01谁更大呢？

下面的正方形代表一个整体，也可以称为单位1。

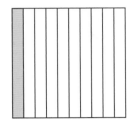

当我们把单位1平均分成10份，每一份是十分之一，
涂色部分就是十分之一。

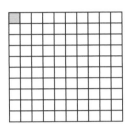

当我们把单位1平均分成100份，每一份是百分之一，
涂色部分就是百分之一。

请比较上面两个正方形里涂色部分的大小，圈出较大的一个。

小数和分数

分数和小数是彼此关联的！

珠珠有0.5个苹果。试着把这个小数写成分数吧。

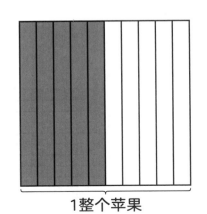

1整个苹果

记住，0.5表示把1平均分成10份，阴影部分占5份。

我们可以把一个小数化成分数：

第1步：

把这个小数当作分子，分母是1。

$$\dfrac{0.5}{1}$$

第2步：

如果小数部分的最后一位在十分位，分子、分母都乘10。

$$\dfrac{0.5}{1} = \dfrac{5}{10} \quad (\times 10)$$

第3步：

约分，把分数写成最简形式。

$$\dfrac{1}{2}$$

如果小数最小到十分位，分子和分母同时乘10。

如果小数最小到百分位，分子和分母同时乘100。

牙牙和米米一共吃了 $\dfrac{3}{50}$ 千克糖。

$\dfrac{3}{50}$ 千克

把这个分数写成小数：

第1步：

把分母乘一个数，让它变成10（相当于十分之一）或100（相当于百分之一）。分子也乘相同的数。

$$\dfrac{3}{50} = \dfrac{6}{100} \quad (\times 2)$$

第2步：

用分子除以分母，把分数转化成小数。

$\dfrac{6}{100}$ 等于0.06。

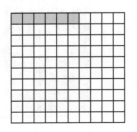

牙牙和米米一共吃了_____千克糖。

练一练

1　请根据给出的小数，完成下列表格。

645.28

	百位	十位	个位	十分位	百分位
数字	6				
值	600				

392.09

	百位	十位	个位	十分位	百分位
数字					
值					

2　请根据小数给对应的部分涂上颜色，再在圆圈中填上"＞"或"＜"。

0.6　　　　　　　　○　　　　　　　0.2

0.16　　　　　　　○　　　　　　　0.23

3 请根据图示写出对应的分数，再把分数转化成小数。

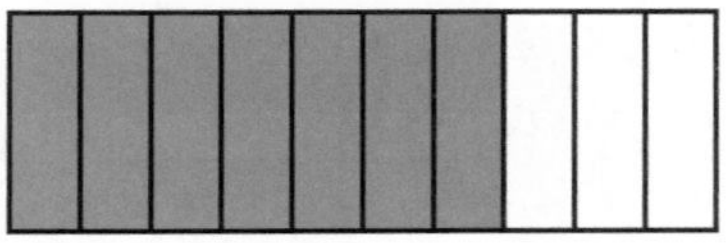

分数：_____

小数：_____

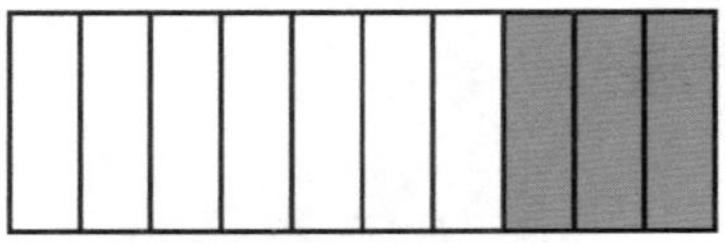

分数：_____

小数：_____

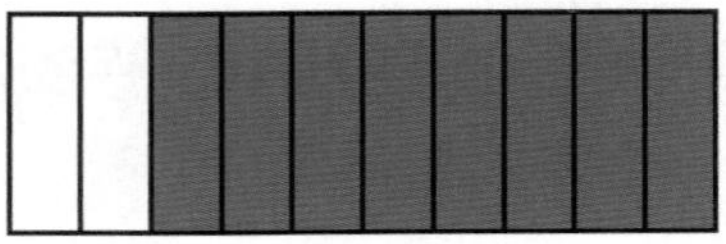

分数：_____

小数：_____

记住，在把分数转化成小数之前，分数的分母需要变成10或100!

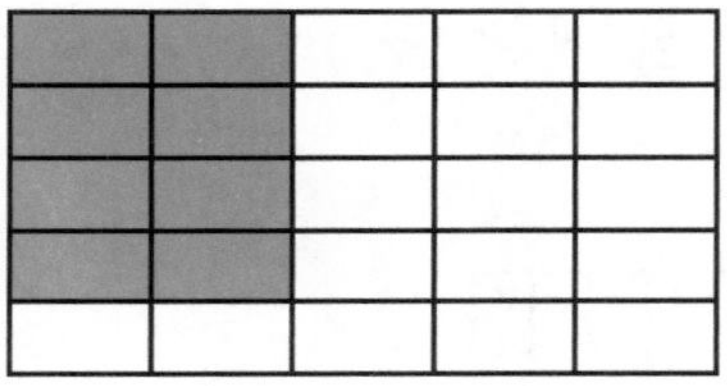

分数：_____

小数：_____

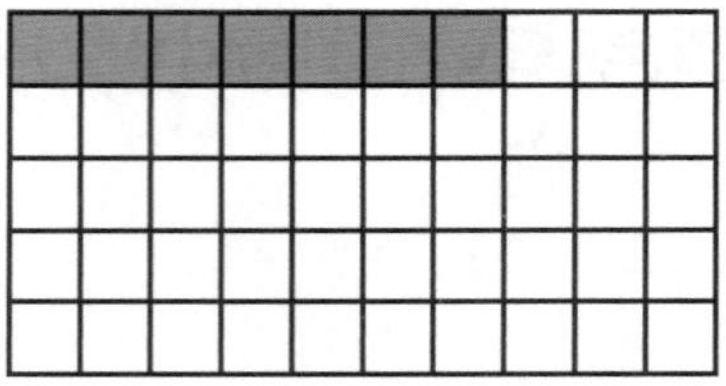

分数：_____

小数：_____

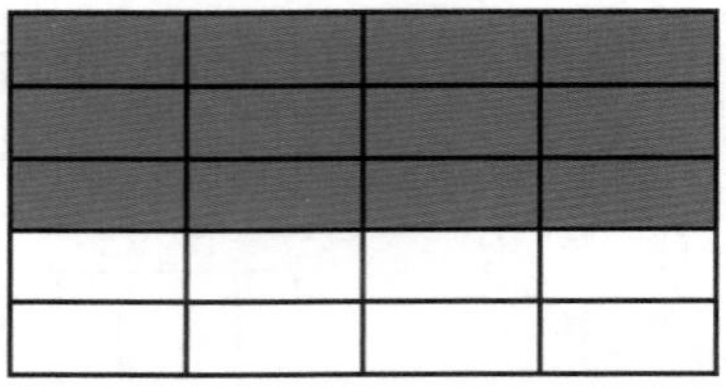

分数：_____

小数：_____

4 请把小数转化成分数，需要的时候进行约分至最简分数。

0.34

0.44

0.2

0.08

0.8

0.98

小数的加法和减法

我们也可以用数位来进行小数的加减运算。让我们一起看看怎样做吧！

计算23.73加6.24。

第1步：

先把数按数位排列。

第2步：

从最小的数位开始，每一列数相加。

十位	个位	小数点	十分位	百分位
2	3	.	7	3
+	6	.	2	4
2	9	.	9	7

现在，我们试着用学过的方法计算下面的减法。

计算192.35减61.05。

百位	十位	个位	小数点	十分位	百分位
1	9	2	.	3	5
-	6	1	.	0	5
1	3	1	.	3	0

在进行小数加减法运算时，有时也需要进位和退位。

小数的进位、退位与整数的进位、退位相似！

计算28.67加7.39。

把百分位相加的得数进位到十分位。

第1步：

从小数点后最小的数位开始，每一列数相加，需要的时候要进位。

十位	个位	小数点	十分位	百分位
2	8	.	6	7
+	7 ₁	.	3 ₁	9
		.	0	6

第2步：

分别把个位和十位上的数相加，需要的时候要进位。

十位	个位	小数点	十分位	百分位
2	8	.	6	7
+ ₁	7 ₁	.	3 ₁	9
3	6	.	0	6

计算59.64减43.59。

第1步：

从小数点后最小的数位开始，每一列分别进行减法运算，需要的时候要退位。

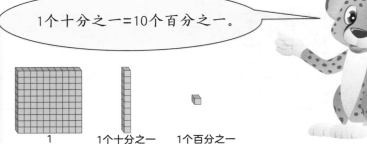

1个十分之一＝10个百分之一。

1   1个十分之一   1个百分之一

十位	个位	小数点	十分位	百分位
5	9	.	5 ~~6~~	1 4
– 4	3	.	5	9
		.	0	5

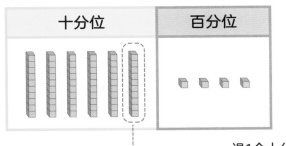

| 十分位 | 百分位 | | 十分位 | 百分位 |

退1个十分之一变成10个一百分之一 ---- 现在有14个百分之一

第2步：

个位和十位上的数，分别进行减法运算，需要的时候要退位。

	十位	个位	小数点	十分位	百分位
	5	9	.	5 6	1 4
−	4	3	.	5	9
	1	6	.	0	5

练一练

计算下列小数的加减法，再把得数对应的方格涂上黄色（在下页），帮助牙牙找到通往贝壳的路。

229.04+51.99=   178.77+132.05=   59.86+72.52=   365.02+448.98=

76-28.4=   98.1-49.03=   603.05-356.9=   300.48-18.37=   96.05-9.83=

6.58+28.49+102.03=   486.92-103.64-45.03=   220.4-36.73-58.06=

281.03			99.99	43.9	75		
310.82			132	10.95	49.07		
403.9	645.7	132.38	2.7	47.6	246.15	704	
56.5	65.07	77.3	814	82.1	282.11	203.58	125.61
	933.7	55.5	60	86.22	100.45	338.25	
	27	54.8	83		137.1	137.8	

小数的乘法和除法

小数的乘法

计算2.5乘4.2。

第1步：

先忽略小数点，按照学过的方法把数相乘。

```
        2   5
  ×     4   2
  _____
        5   0
  1     0   0
  _____
  1     0   5   0
```

你还记得怎样算两位数乘两位数吗？

第2步：

数一数相乘的两个数小数点后分别有几位，把它们加在一起。

2.5的小数点后有1位。

4.2的小数点后有1位。

小数点后总共有2位。

第3步：

积的小数点后的位数与第2步求得的小数点后的总位数一样多。

25 × 42 = ☐

小数点后一共有2位，在积上点上小数点。

2.5 × 4.2 = ☐

计算下列小数的乘法。

4.7×2.3=

32.1×0.5=

87.5×0.7=

9.2×0.04=

37.6×0.03=

59.04×0.66=

除数是整数的小数除法

计算14.7除以7。

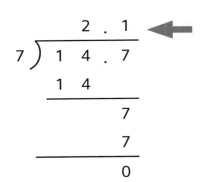

按照通常的方法做除法。要确保商的小数点位置与被除数的一致。

除数是小数的小数除法

计算75除以0.3。

在做除法之前，先把除数变为整数会让计算更简单。

我们都知道10个十分之一可以组成单位1。那么怎样把3个十分之一变成整数呢？

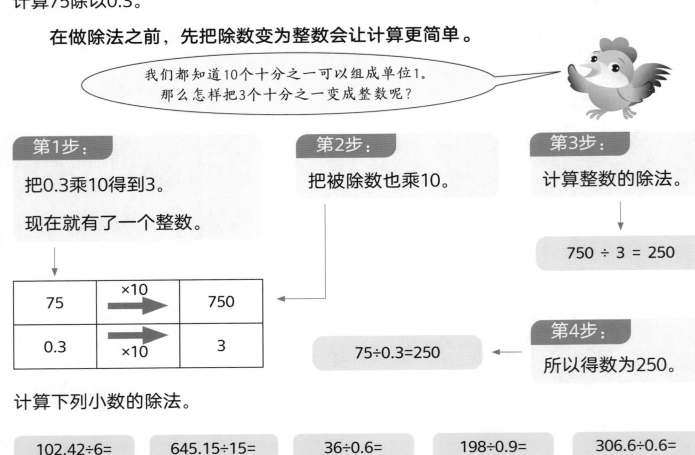

第1步：

把0.3乘10得到3。

现在就有了一个整数。

75	×10 →	750
0.3	×10 →	3

第2步：

把被除数也乘10。

第3步：

计算整数的除法。

$$750 \div 3 = 250$$

第4步：

所以得数为250。

$$75 \div 0.3 = 250$$

计算下列小数的除法。

| 102.42÷6= | 645.15÷15= | 36÷0.6= | 198÷0.9= | 306.6÷0.6= |

根据题意解决下列实际问题，请写清楚计算过程。

① 水族馆每周需要483.84升水清洗16个鱼池。平均每周清洗一个鱼池需要多少升水？

每周清洗一个鱼池需要＿＿＿＿＿升水。

② 一个渔夫捕获了40.8千克鱼，另一个渔夫捕获的鱼的重量是第一个渔夫的 $\frac{1}{4}$。他们一共捕获了多少千克鱼？

他们一共捕获了＿＿＿＿＿千克鱼。

③ 儒艮一家（爸爸、妈妈和三只小儒艮）以海草为食。一只成年儒艮每天要吃掉38.6千克海草，一只小儒艮每天要吃掉18.9千克海草。儒艮一家一天总共要吃掉多少千克海草？

儒艮一家一天总共要吃掉＿＿＿＿＿千克海草。

④ 渔夫出售对虾的价格是1千克65元。彬彬买了5.5千克对虾，他需要支付多少元钱？

他需要支付＿＿＿＿＿元钱。

总结一下

这一章学完了，感觉怎么样？圈出你的感受吧！

你觉得这一章的内容_____。（圈一圈）

简单　　　　　　正常　　　　　　有难度

你知道什么是小数吗？

你能比较小数的大小吗？

你能把小数转化为分数、分数转化为小数吗？

把0.95写成分数。

把$\frac{29}{50}$写成小数。

你会做小数的加法、减法吗？

你会做小数的乘法、除法吗？

第7章

分　数

什么是同分母分数和异分母分数？

在孵化场有275枚海龟蛋。

很不幸的是，大约 $\frac{1}{5}$ 的海龟蛋会被海鸟吃掉。

还有大约 $\frac{3}{15}$ 的海龟蛋会被螃蟹吃掉。

海鸟会吃掉多少枚海龟蛋？

螃蟹会吃掉多少枚海龟蛋？

孵化的海龟蛋占海龟蛋总数的几分之几？

学习目标

· 了解分数和除法的关系

· 假分数和带分数

· 同分母分数和异分母分数

分数和除法

分数用来表示把一个整体平均分成多个较小的部分，或把很多物体平均分成几份。

珠珠和3个朋友一起分4个蛋糕派。平均每个人分到多少个蛋糕派？

用分数怎样表示？

4个蛋糕派平均分给4个人，我们可以写成：

4个蛋糕派÷4个人，即 $\frac{4}{4} = 1$。

每个人平均可以分到1个蛋糕派。

珠珠和4个朋友一起分1个蛋糕派。平均每个人能分到多少个蛋糕派？

用分数怎样表示？

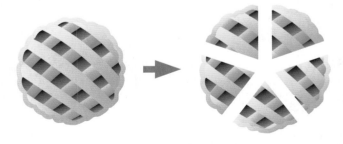

1个蛋糕派平均分给5个人，我们可以写成：

1个蛋糕派÷5个人，即 $\frac{1}{5}$ 。

平均每个人可以分到_____个蛋糕派。

假分数和带分数

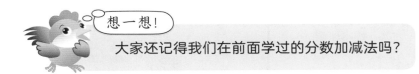

想一想!
大家还记得我们在前面学过的分数加减法吗?

假分数

珠珠吃了 $\frac{3}{4}$ 块三明治,波波也吃了 $\frac{3}{4}$ 块三明治。他们一共吃了多少三明治?

请在下面的三明治上涂一涂。

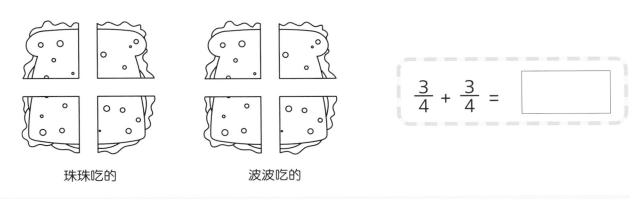

珠珠吃的   波波吃的

$$\frac{3}{4} + \frac{3}{4} = \boxed{}$$

假分数是分子大于分母或等于分母的分数。

带分数

彬彬在橱柜里拿了1整块巧克力,娜娜拿了 $\frac{2}{3}$ 块相同种类的巧克力。他们一共拿了

多少巧克力?

1整块 $\frac{2}{3}$ 块

彬彬的   娜娜的

把1整块巧克力和 $\frac{2}{3}$ 块巧克力加起来。

$$1 + \frac{2}{3} = 1\frac{2}{3}$$

读作一又三分之二。

带分数由一个整数和一个真分数组成。

把带分数化成假分数

彬彬和娜娜一共吃了$1\frac{2}{3}$块巧克力。把$1\frac{2}{3}$化成假分数：

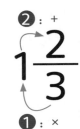

第1步：

把整数部分乘分母。

$3 \times 1 =$ _____

第2步：

把乘积与分数部分的分子相加。

_____ + _____ = _____

第3步：

把相加的得数写成分子，分母不变。

假分数：_____

把假分数化成带分数

牙牙和米米一共有$\frac{9}{4}$个苹果。

把$\frac{9}{4}$转化成带分数：

第1步：

分子除以分母。

$9 \div 4 =$ _____余_____。

第2步：

写出商的整数部分_____。

第3步：

把余数写在分子上。

余数就是带分数的分子，分母不变。

牙牙和米米一共有_____个苹果。

可以再把带分数化为假分数，验算一下我们的得数是否正确。试一试吧！

1 下面的图形中阴影部分表示的分数是多少？请看图完成下列表格。

图形	除法算式	分数形式	分子	分母
	1 ÷ 3			

2 请把下面的假分数和真分数分别填在对应的盒子里。

$\frac{103}{42}$ $\frac{7}{3}$ $\frac{6}{11}$ $\frac{2}{27}$ $\frac{15}{14}$

$\frac{8}{17}$ $\frac{3}{107}$ $\frac{29}{12}$ $\frac{43}{5}$

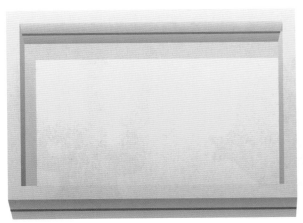

假分数

真分数

请把带分数和它们相对应的假分数连线。

$1\frac{2}{7}$

$\frac{49}{13}$

$9\frac{1}{10}$

$\frac{91}{10}$

$\frac{64}{5}$

$3\frac{10}{13}$

$5\frac{8}{9}$

$\frac{132}{15}$

$\frac{9}{7}$

$\frac{207}{10}$

$12\frac{4}{5}$

$8\frac{12}{15}$

$\frac{53}{9}$

$20\frac{7}{10}$

珠珠和朋友们一起参观了一个海龟孵化场。绿海龟的重量是$150\frac{1}{5}$千克，玳瑁的重量是$268\frac{2}{5}$千克。

绿海龟

玳瑁

① 两只海龟一共有多重？先将带分数化为假分数再计算。

两只海龟一共重＿＿＿＿＿千克。

② 玳瑁比绿海龟重多少千克？先将带分数化为假分数再计算。

玳瑁比绿海龟重＿＿＿＿＿千克。

③ 两只绿海龟和两只玳瑁的总重量是多少？先将带分数化为假分数再计算。

两只绿海龟和两只玳瑁的总重量是＿＿＿＿＿千克。

学一学

同分母分数和异分母分数加减法

同分母分数加减法

请计算右侧分数加法，然后约分。 $\dfrac{2}{16} + \dfrac{4}{16} =$ _____

我们可以很轻松地把上面两个分数相加并约分，因为它们的分母相同。

请写出下列长方形中阴影部分表示的分数，圈出较大的一个。

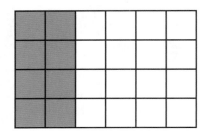

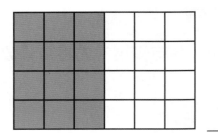

_____

_____

我们可以很轻松地比较这两个分数，因为它们的分母相同。

> 分母相同的分数叫作同分母分数。

大家还记得我们之前学过的
大小相等的分数吗？

请在下面的方框中圈出与 $\dfrac{1}{4}$ 大小相等的分数。

$$\dfrac{2}{3} \qquad \dfrac{2}{8} \qquad \dfrac{4}{8} \qquad \dfrac{3}{12} \qquad \dfrac{4}{6} \qquad \dfrac{2}{16}$$

当我们把几个大小相等的分数都约分成最简分数时，得到的值相同。

> 当我们把分数进行约分时，要把分子和分母除以相同的数。

异分母分数加减法

有的分数分母不同，它们被称为异分母分数。

你能把下面两个分数相加吗？

$$\frac{2}{3} + \frac{1}{2} = ?$$

在相加之前，我们要把它们转化成分母相同的分数，也就是进行通分。

要使分母相同，可以先找出它们的最小公倍数，即它们的最小的共同的倍数。

第1步：

列出3的倍数：

3，6，9，12，15，18……

第2步：

列出2的倍数：

2，4，6，8，10，12……

第3步：

找出2和3的最小公倍数6。

当我们进行通分时，分数的分母乘一个数的时候，分子也要乘相同的数。我们来试一试吧！

$$\frac{2}{3} \stackrel{\times 2}{=} \frac{4}{6} \qquad \frac{1}{2} \stackrel{\times 3}{=} \frac{3}{6}$$

现在这两个分数可以相加了，如果得数是假分数，需要把它化成带分数。

$$\frac{4}{6} + \frac{3}{6} = \frac{7}{6} = 1\frac{1}{6}$$

计算异分母分数的加减法之前，我们必须先通分，求出两个分母的最小公倍数，然后把异分母分数转化为以最小公倍数为分母的分数。

1 计算下列分数的加减法，把得数对应的汉字填在下面的横线上。

$\frac{2}{3} + \frac{1}{12} =$

$\frac{3}{4} - \frac{2}{5} =$

$\frac{5}{12} + \frac{1}{2} =$

$\frac{3}{7} + \frac{3}{4} =$

$\frac{2}{3} - \frac{4}{9} =$

$\frac{12}{15} + \frac{1}{3} =$

$\frac{7}{8} + \frac{3}{5} =$

$\frac{5}{6} - \frac{2}{9} =$

珊瑚礁常被称作什么?

$$\underline{\qquad} \quad \underline{\qquad} \quad \underline{\qquad} \quad \underline{\qquad} \quad \underline{\qquad} \quad \underline{\qquad} \quad \underline{\qquad} \quad \underline{\qquad}$$
$$1\frac{5}{28} \qquad \frac{11}{12} \qquad \frac{11}{18} \qquad 1\frac{2}{15} \qquad \frac{9}{12} \qquad 1\frac{19}{40} \qquad \frac{2}{9} \qquad \frac{7}{20}$$

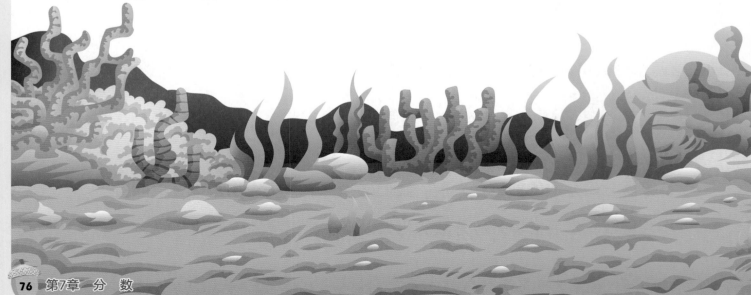

2 比较分数的大小，用"＞""＜"或"＝"填空。

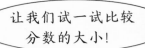 

让我们试一试比较分数的大小！

$\dfrac{4}{9}$ ◯ $\dfrac{1}{6}$ $\dfrac{3}{11}$ ◯ $\dfrac{3}{22}$ $\dfrac{1}{5}$ ◯ $\dfrac{3}{15}$ $\dfrac{6}{7}$ ◯ $\dfrac{31}{35}$

$9\dfrac{1}{3}$ ◯ $\dfrac{36}{3}$ $1\dfrac{5}{8}$ ◯ $\dfrac{13}{8}$ $5\dfrac{1}{13}$ ◯ $\dfrac{70}{26}$ $4\dfrac{1}{25}$ ◯ $4\dfrac{1}{10}$

3 请将下列每组分数按升序填在下面的方框中。

$\dfrac{1}{2}$ $\dfrac{1}{6}$ $\dfrac{7}{12}$ $\dfrac{2}{3}$ $\dfrac{3}{4}$ $\dfrac{5}{12}$

$\dfrac{6}{7}$ $\dfrac{1}{2}$ $\dfrac{3}{7}$ $\dfrac{3}{28}$ $\dfrac{1}{4}$ $\dfrac{5}{14}$ $\dfrac{5}{4}$ $\dfrac{5}{28}$

4 请将下列每组分数按降序填在下面的方框中。

$\dfrac{3}{5}$ $\dfrac{2}{2}$ $\dfrac{3}{25}$ $\dfrac{45}{50}$ $\dfrac{8}{10}$ $\dfrac{7}{25}$ $\dfrac{7}{10}$ $\dfrac{1}{5}$

$\dfrac{15}{18}$ $\dfrac{3}{6}$ $\dfrac{3}{2}$ $\dfrac{1}{3}$ $\dfrac{4}{9}$ $\dfrac{2}{9}$

解决下列实际问题，请写清楚计算过程。

1 一个月内有4740名游客参观了海龟孵化场。$\frac{1}{6}$的游客在第一周来参观，$\frac{4}{5}$的游客在第二周和第三周来参观。第四周有多少名游客参观了海龟孵化场？

第四周有＿＿＿＿＿名游客参观了海龟孵化场。

2 每年掠食者要吃掉1920枚海龟蛋。其中$\frac{5}{8}$的海龟蛋被螃蟹吃掉了，鸟类吃掉的数量是螃蟹的$\frac{1}{3}$。鸟类每年吃掉多少枚海龟蛋？

鸟类每年吃掉＿＿＿＿＿枚海龟蛋。

解决下列实际问题，请写清楚计算过程。

海龟孵化场今年2月放生了648只小海龟，8月放生了432只小海龟。今年2月和8月放生小海龟的总量是去年放生小海龟总量的 $\frac{1}{9}$。去年一共放生了多少只小海龟?

我们可以画一个示意图让这个问题更直观。

2月放生小海龟 的数量	8月放生小海龟 的数量
648	432

2月和8月一共放生小海龟的数量：_____只。

请用示意图表示去年放生小海龟的总量。

去年一共放生了_____只小海龟。

这一章学完了，感觉怎么样？圈出你的感受吧！

你觉得这一章的内容_____。（圈一圈）

简单　　　　　　　　正常　　　　　　　　有难度

你知道分数和除法的关系吗？

你知道怎样把带分数转化为假分数，把假分数转化为带分数吗？（请写一写）

你知道什么是同分母分数和异分母分数吗？

你知道怎样做同分母分数和异分母分数的加法、减法吗？

你知道怎样比较同分母分数和异分母分数的大小吗？

第8章

日常生活中的测量
你认识不同的计量单位吗？

10升

我刚刚跑了2.5千米！太渴了！

我们刚刚帮乌龟先生换了一桶水。它太重了，我们差点儿没举起来。

你能帮我测量一下这个商店的周长和面积吗？

珠珠跑了多少米？

一桶水的体积是多少毫升？

米米怎样测量商店的周长和面积？

学习目标

· 千米和米、厘米之间的单位换算

· 吨和千克、克之间的单位换算

· 升和毫升之间的单位换算

· 周长和面积

千米和米、厘米之间的单位换算

想一想！

我们在上一册中学过的标准计量单位有哪些？

请在下面的米尺上用虚线标注出右边物体的长度。

52厘米

89厘米

千米

在测量较短的物体时通常用厘米作单位，在测量较长的物体时通常用米作单位。在测量两个地方之间的长度时，可以用千米作单位，千米可以写成km，这种长度也称为"距离"。

1千米=1000米

大家知道1千米是多少厘米吗？

长度单位换算

如图所示，如果要从火车站前往咖啡馆，需要走多少米？

13千米

4.5千米

十位	个位	小数点	十分位
1	3	.	0
+	4	.	5
1	7	.	5

从火车站到咖啡馆，需要走

_____千米。

把千米换算成米，需要把总数乘1000。

1000里有3个0。

17.5×1000

$17.5 \underset{\times 10}{\rightarrow} \underset{\times 10}{\rightarrow} \underset{\times 10}{\rightarrow} = 17500$

需要走_____米。

1 连一连，给下列描述匹配合适的单位。

珠珠的床有2.35_____长。

珠珠家到学校的距离约10_____。

北京距离天津约137_____。

●

●

●

cm

m

km

●

●

●

彬彬的笔记本有15_____长。

彬彬在纸上画了一条70_____长的线。

彬彬的身高是1.43_____。

2 请先进行单位换算，然后将得数按照升序排列。

0.65km =_____m

2054m =_____km

40.59m =_____cm

5021cm =_____m

0.2km =_____cm

9370cm =_____km

_____, _____, _____, _____, _____, _____

3 请根据下面的路线图填空。

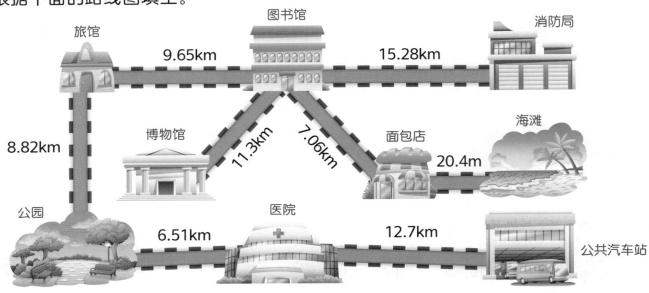

· 旅馆到消防局的距离是_____km。

· 博物馆到公共汽车站的距离是_____km。

· 公共汽车站到公园的距离比图书馆到海滩的距离远_____km。

· 珠珠从旅馆走到公园，再走回旅馆。他一共走了_____km_____m。

· 彬彬在医院检查完身体后，坐车到面包店买了面包，然后坐车回旅馆。彬彬今天的车程是_____km。

· 珠珠和朋友们从旅馆开车到海滩玩，之后回到旅馆。第二天又进行了一样的行程。他们两天一共行驶了_____m。

吨和千克、克之间的单位换算

1kg=1000g

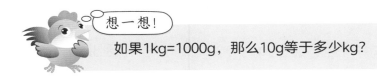

想一想!

如果1kg=1000g，那么10g等于多少kg?

彬彬的体重是31.4千克，娜娜比彬彬轻6.7千克。他们的总体重是多少克?

十位	个位	小数点	十分位
3	1	.	4
	6	.	7
2	4	.	7

（减号）

娜娜的体重

十位	个位	小数点	十分位
3	1	.	4
2	4	.	7
5	6	.	1

（加号）

总体重

想一想!

前面我们学习了怎样把km换算成m。如果把kg换算成g，应该怎么做呢?

他们的总体重是_____克。

像汽车这样很重的物体，我们用吨作单位。1吨=1000千克。你还能想到哪些物体可以用吨作单位吗?

1 请先进行单位换算，然后在天平上画出重量相当的砝码。

| 10g | 50g | 100g | 200g | 500g | 1000g |

0.68kg = _____ g　　　　　2.93kg = _____ g

2 请根据价目表，解决下列实际问题。

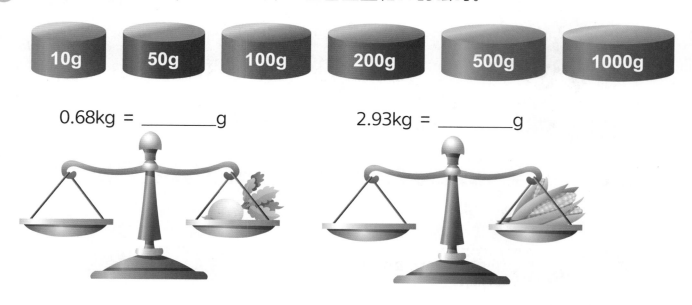

物品	重量	价格
1袋土豆	8.56kg	32元
1袋胡萝卜	5.04kg	12元
1篮萝卜	6.92kg	21元
1罐蜂蜜	500g	30元
1个牛油果	170g	11元

· 彬彬买了半篮萝卜，这些萝卜的总重量是多少?

这些萝卜的总重量是_____。

· 一家餐馆买了3袋土豆、1袋胡萝卜、4个牛油果和2篮萝卜用来做沙拉。这些物品的总重量是多少?

这些物品的总重量是_____。

· 波波买了5罐蜂蜜，珠珠买了6个牛油果。波波购买的物品比珠珠的重多少？波波比珠珠多付了多少钱?

波波购买的物品比珠珠重_____。波波比珠珠多付了_____元钱。

③ 请根据题意解决下列实际问题。

· 娜娜买了10kg275g的螃蟹给朋友们做菜。她把螃蟹分成相同重量的15碗，每碗中的螃蟹重多少？请用kg作单位。

每碗中的螃蟹重_____kg。

· 一位店主买了16块砖来修理商店的屋顶。每块砖重1kg476g，这些砖一共重多少?

这些砖一共重_____kg_____g。

升和毫升之间的单位换算

1L = 1000mL

牙牙装满一个水箱用了24.75L的水。有5.97L的水从水箱的裂缝中流走了，水箱里还剩多少水？用mL作单位。

十位	个位	小数点	十分位	百分位
2	4	.	7	5
	5	.	9	7
1	8	.	7	8

(第一列最左有减号 −)

记得计算完单位要换算成mL！

水箱里还剩_____mL水。

请先换算成mL，然后在〇中填上"＜"或"＞"。

1.75L=_____mL   1.82L=_____mL

24L75mL=_____mL   20L689mL=_____mL

复习一下

1 每包牛奶500mL，一个店主把24包这样的牛奶倒进了一个大罐子里，分杯出售。如果一杯牛奶300mL，30个人每人点一杯，大罐子里还剩多少牛奶？用L作单位。

大罐子里还剩_____L牛奶。

2 在海滩玩耍后，彬彬喝了1L250mL椰汁，珠珠喝的椰汁是彬彬的 $\frac{1}{5}$ 。他们一共喝了多少椰汁？

他们一共喝了_____L_____mL椰汁。

3 珠珠和朋友们来到一家水族店里。第一个鱼缸里有540mL水，第二个鱼缸里的水是第一个鱼缸的2倍，第三个鱼缸里的水是第一个鱼缸的 $\frac{1}{6}$ 。这三个鱼缸里一共有多少水？用mL作单位。

这三个鱼缸里一共有_____mL水。

周长和面积

周长

我们把长方形的所有长度和宽度相加，就得到了它的周长。

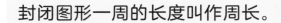
封闭图形一周的长度叫作周长。

长方形的宽度多指两条长边之间的距离。

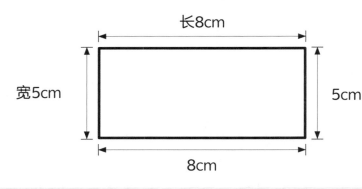

上面这个长方形的周长：8cm+5cm+8cm+5cm=26cm

面积

平方米是常用的面积单位。1平方米可以写成1m^2。

我们可以通过数方格的数量得出图形的面积。

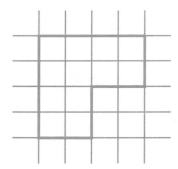

数一数左边的图形中方格的数量。

一边数，一边在方格上标记数字。

这个图形的面积是_____m^2。

（注：每个方格的面积是1m^2）

我们也可以把长方形的长和宽相乘来计算它的面积。

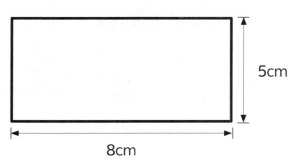

左边这个长方形的面积：8cm×5cm=40cm^2

1 请根据下面的图片，解决下列实际问题。

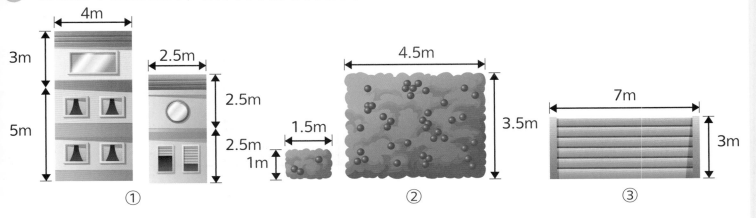

· 图①这两栋房子正面的总面积是多少m²?

这两栋房子正面的总面积是_____m²。

· 求上面所有物体周长的总和。

上面所有物体周长的总和是_____m。

· 求上面所有物体面积的总和。

上面所有物体面积的总和是_____m²。

2 请计算下面的手帕不同颜色布料的面积和周长。

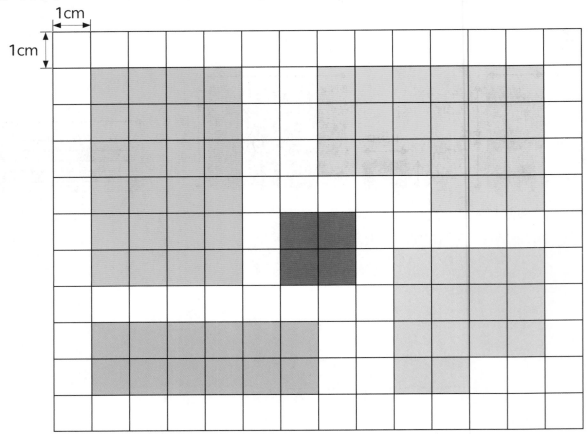

颜色	周长（cm）	面积（cm²）
紫色	2+2+2+2=8	2×2=4
粉色		
绿色		
蓝色		
黄色		

3 珠珠和朋友们想做拼布手帕。请根据他们的描述，画出拼布手帕并涂上颜色。

我的手帕是正方形的，边长6厘米。

我的手帕长8厘米，宽是长的一半。每个方格上都有一个黑色圆点。

我的手帕长8厘米，宽6厘米。它是橙色的，4个角上各有一朵花！

我喜欢小一点的手帕！它的宽度是1厘米，长是宽的两倍。

（注：每个方格边长都是1厘米）

在方格图中，我们可以通过数图形中方格的数量来计算图形的面积。当图形没有填满方格的时候，应该怎样计算呢？

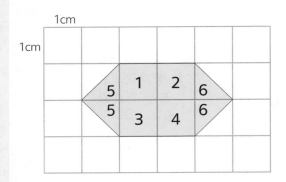

1 先计算所有填满的方格的面积，是4cm²。

2 两个标记5的部分可以组成一个完整的方格，两个标记6的部分也是如此。它们的总面积是2cm²。

3 把所有的面积加起来，就能得出总面积6cm²。

请计算下列图形的面积。（注：每个方格边长都是1。）

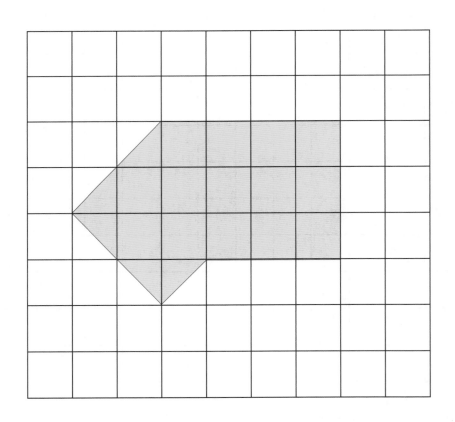

面积：_____

这一章学完了，感觉怎么样？圈出你的感受吧！

你觉得这一章的内容_____。（圈一圈）

　　　　　简单　　　　　　　　正常　　　　　　　有难度

你认识不同的计量单位吗？

你会进行千米、米、厘米之间，吨、千克、克之间，升和毫升之间的单位换算吗？（请写一写）

你会计算图形的周长和面积吗？

长方形的周长=

长方形的面积=

第 9 章

比例尺
怎样按比例尺绘图?

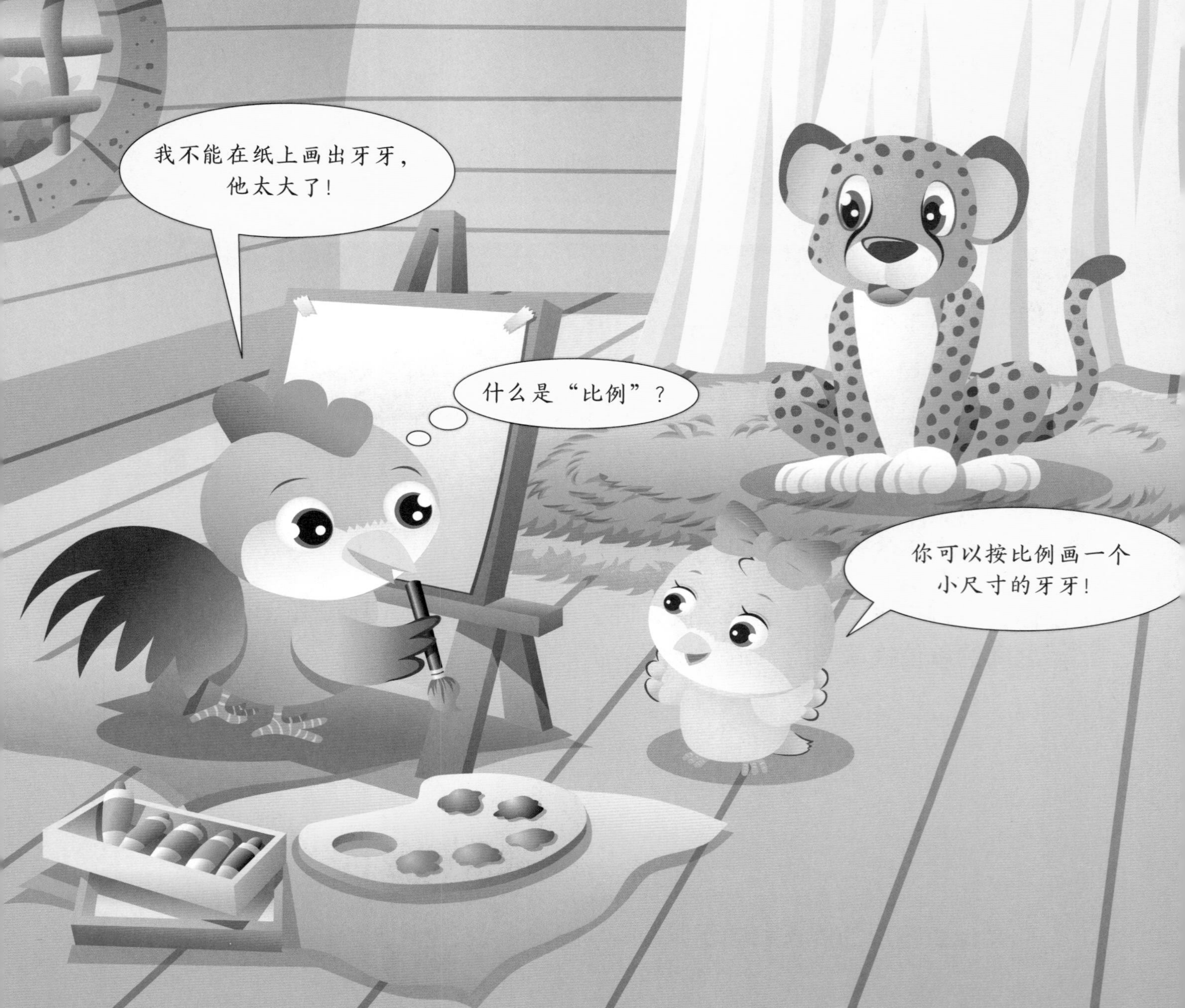

我不能在纸上画出牙牙,他太大了!

什么是"比例"?

你可以按比例画一个小尺寸的牙牙!

你知道什么是比例尺吗?
珠珠怎样才能在一张纸上画出一个小尺寸的牙牙?

学习目标
· 认读比例尺
· 按比例尺绘图
· 根据比例尺计算物体的实际大小

比例尺

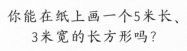

你能在纸上画一个5米长、3米宽的长方形吗？

根据物体的实际大小绘图是很难做到的，因为物体的尺寸通常都很大。我们可以使用比例尺来帮忙。

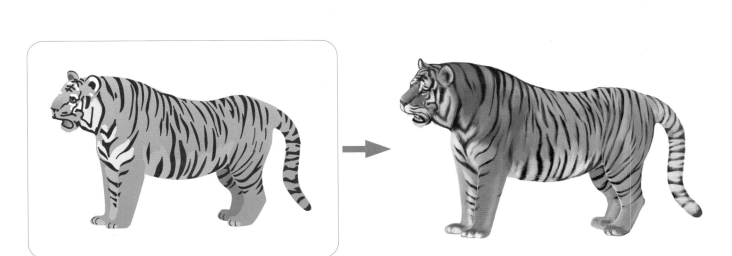

绘制的老虎的图片　　　　　　　　　　实际的老虎

长: 3cm　——— ×100 ———→　长: 300cm

高: 1cm　——— ×100 ———→　高: 100cm

在上图中使用的比例尺是1：100，可以读作1比100。它表示绘图中的1厘米相当于实际生活中的100厘米。如果绘图中的老虎长3厘米，那么实际的老虎则长300厘米，换算成米是3米。

还记得在上一章中，我们怎样用方格图来计算周长和面积吗？

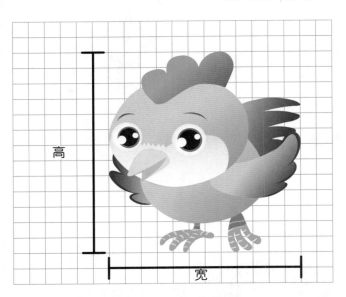

请按照1：2的比例，计算珠珠的实际身高。

左图每个方格边长都是1cm。

请按照1：2的比例，计算珠珠的实际宽度。

第1步：

从左往右数一数，珠珠的身体一共占了12个方格。

第2步：

总方格数乘2是24cm。

然后再换算成0.24m。

第1步：

从上往下数一数，珠珠的身体一共占了13个方格。

第2步：

总方格数乘2是26cm。

然后再换算成0.26m。

练一练

在找到答案之前，记得把数换算成相同的计量单位。

① 请先进行单位换算，再完成表格。

图示长度（cm）	实际长度（m）	比例尺
2	0.9	
	9	1：30
6		1：14
5	12.5	
	108	1：90

图示长度（cm）	实际长度（m）	比例尺
11		1：270
4	280	
7	0.07	
	216	1：27
8	960	

2 请根据比例尺，在方框中用尺子画出下列物体。

一根4.9米长的绳子。

4.9m=＿＿＿＿＿cm

＿＿＿＿＿cm÷70=＿＿＿＿＿cm

比例尺——1∶70

一根长25米的木材。

25m=＿＿＿＿＿cm

＿＿＿＿＿cm÷250=＿＿＿＿＿cm

比例尺——1∶250

3 请根据比例尺画出物品。

我昨天看到人们在冲浪！
我最喜欢的冲浪板长1.8米，
宽45厘米。

比例尺——1∶30

复习一下

这是我家新房子的平面图!

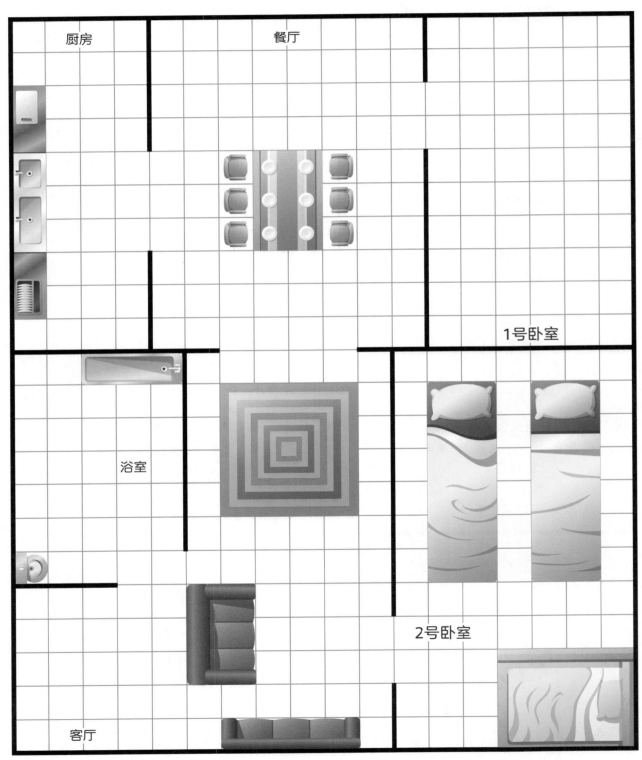

比例尺——1：50

上图中每个小方格的长和宽都是1厘米。

1 请在上页的方格中绘制下列物品：

　·在1号卧室里画一张2米长、2米宽的床。

　·在1号卧室里画一张2米长、1米宽的桌子。

　·在客厅里画一个长和宽都是2米的书柜。

2 波波想在1号卧室铺木地板。如果木地板每平方米的价格是300元，铺满整间卧室需要支付多少元钱？

铺满整间卧室需要支付＿＿＿＿＿元钱。

3 波波想知道厨房里的空闲面积是多少平方米？

厨房里的空闲面积是＿＿＿＿＿平方米。

这一章学完了，感觉怎么样？圈出你的感受吧！

你觉得这一章的内容_____。（圈一圈）

简单　　　　　　　　正常　　　　　　　　有难度

你知道怎样认读比例尺吗？　　　　　　　　　　○

你会按照比例尺绘图吗？　　　　　　　　　　　○

按照1：100的比例，画一个边长为3米的正方形。

你可以根据比例尺计算物体的实际大小吗？　○

第 10 章

时 间

你能用24时计时法表示时间吗?

北 京

我的票上写着将在19:47到达济南站! 是不是写错了?

火车来了! 按照上面的时刻表, 我们将在晚上7点47分到达济南站。

目的地	时间		
济南		快车	1
黄山		快车	
婺源		快车	
厦门			
		延误	
		慢车	2

北京 → 济南

到达时间: 19:47

票价: 184.00元

火车从北京到济南需要多长时间?
火车时刻表和珠珠的火车票上显示的
到达济南站的时间是相同的吗?

学习目标

· 认读时间

· 24时计时法

· 与时间有关的加法和减法

· 与时间有关的乘法和除法

认读时间

我们知道1小时有60分钟。我们可以把时间精确到分钟。时钟上的每一小格代表1分钟。

观察左边的时钟,并数一数。

时钟上显示的分钟数是_____分。

时针在_____和_____之间。

现在是_____。

时钟上显示的时间可以读作3点18分。

记住,我们通过数小格的数量来
计算时间过去了多少分钟。

时钟上的时针和分针按顺时针
方向转动。
逆时针则是与指针的运动方向
相反的方向。

练一练

1 请观察下面的时钟,仿照示例在方框中写出时间。

4点13分			
4:13			

2 请根据给出的时间，在时钟上画出时针和分针。

| 1:34 | 5:16 | 12:09 | 6:47 |

24时计时法

我们能根据指针式时钟上的时针和分针的位置知道时间。指针式时钟上有数字1—12。我们通过观察时针和分针的位置来读取时间。

指针式时钟通过2个12小时的循环来表示一天中不同的时间。例如，早上8点，我们起床并做好准备去上学。晚上8点，我们做好准备去睡觉。

我们也可以在数字时钟上读取时间。数字时钟是通过数字的形式来显示小时和分钟的。

完整的一天有_____小时。

从0时到24时计时的方法叫作24时计时法。数字时钟一般以24时计时法显示时间。

 这个数字时钟显示的时间是7:30。也可以写作上午7点30分。

 这个数字时钟显示的时间是19:30。也可以写作下午7点30分。

在英语中，a.m.代表正午以前的时间，p.m.代表正午以后的时间。

a.m.表示午夜到正午之间的时间。

如果以24时计时法表示正午以前的时间，依旧按照指针式时钟的方式进行表示。例如，凌晨1点写作1:00。

p.m.表示正午到午夜之间的时间。

如果以24时计时法表示正午以后的时间，则要在12点的基础上表示。例如，下午1点写作13:00。这是因为12:00之后又过了1个小时，12+1=13。

请以24时计时法在下面的时钟上写出正午12点以后的时间。

24:00 / 00:00

13:00

从时钟上看，我们知道凌晨24:00与第二天的00:00相同。

练一练

1 请把显示时间相同的指针式时钟和数字时钟连线。

14:00   23:07   2:00   17:15

20:50   11:07   21:32

② 请根据描述，在数字时钟上按照24时计时法填写时间。

 学一学

与时间有关的加法和减法

珠珠和波波在下午3点16分开始踢足球，1小时45分钟之后结束了运动。他们几点踢完足球？

第1步：

先计算小时：

3点16分过1小时是4点16分。

第2步：

把分钟数相加：16分钟+45分钟=61分钟。

61分钟=1小时1分钟，也就是4点过1小时1分钟，

所以是5点01分。

他们在下午_____踢完足球。

甜甜有2小时20分钟的空闲时间。她花了47分钟来涂色，她还剩多少空闲时间？

小时	分
~~2~~ 1	60 20
−	47
1	33

我们也可以把2小时20分钟全部换算成分钟，再做减法。最后把分钟数换算成小时加分钟的形式。

第1步：

把数对应列好，先做分钟位置的减法，必要的时候要进行单位换算。20不能减47，要退1小时进行换算。

1小时=60分。我们把退位的60分加到分钟一列。

60分+20分=80分。现在，分钟数可以减了。

第2步：

把小时数相减。

1小时-0小时=1小时

解决下列实际问题（请使用24时计时法填写答案）。

① 珠珠和朋友们买了从济南到黄山的车票。他们坐的车早上7点59分离开车站，旅程需要5小时14分钟。珠珠和朋友们什么时候能到达黄山？

珠珠和朋友们_____能到达黄山。

② 珠珠下午12点32分吃了午饭，6小时38分钟后吃晚饭。珠珠什么时候吃晚饭？

珠珠在_____吃晚饭。

③ 上周六，珠珠和朋友们去看电影。电影下午2点55分开始，5点24分结束。这部电影播放了多长时间？请用小时加分钟的形式写出答案。

这部电影播放了_____。

学一学

与时间有关的乘法和除法

我们先把时间换算成分钟，做完乘法后，再把计算结果换算成小时和分钟。

计算2小时59分钟乘5。

```
    1   7   9
×           5
    8   9   5
```

第1步：

把小时加分钟的形式换算成分钟。

2小时=120分钟，120分钟+59分钟=179分钟。

第2步：

把分钟数和给出的数相乘。

179分钟×5=895分钟。

```
        1   4
60 )    8   9   5
        6   0
        2   9   5
        2   4   0
            5   5
```

第3步：

除以60。把第2步得出的分钟数换算成小时加分钟的形式。

商是小时数，余数是分钟数。

所以2小时59分钟乘5，得数是_____小时_____分钟。

计算5小时12分钟除以3。

```
        1   0   4
3 )     3   1   2
        3
            1
            0
            1   2
            1   2
                0
```

第1步：

把小时加分钟的形式换算成分钟。

5小时=300分钟，300分钟+12分钟=312分钟。

第2步：

除以除数。

312分钟÷3=_____

第3步：

换算成小时加分钟的形式。

所以5小时12分钟除以3，得数是_____小时_____分钟。

解决下列实际问题，用小时加分钟的形式写出答案。

1 一列火车每周往返于北京和南京4次，如果每次行程用时3小时34分，这列火车一周的总行驶时间是多少？

这列火车一周的总行驶时间是_____。

2 珠珠和甜甜制作7架玩具飞机用时7小时42分。如果他们制作每架玩具飞机的时间相同，制作一架玩具飞机需要多长时间？

制作一架玩具飞机需要_____。

3 娜娜一个人打扫房间需要3小时9分。如果再多8个人帮她一起打扫，并且每人的速度都和娜娜相同，需要多长时间能打扫完？

需要_____能打扫完。

总结一下

这一章学完了，感觉怎么样？圈出你的感受吧！

你觉得这一章的内容_____。（圈一圈）

简单　　　　　　　　正常　　　　　　　　有难度

你能说出一天的24个小时吗？　　　　　　　　　○

你会读指针式时钟和数字时钟显示的时间吗？　　　○

你能用24时计时法转换时间吗？（请写一写）　　　○

你会做与时间有关的加法、减法、乘法和除法吗？（请写一写）　○

 112　第10章　时　间

第11章 货币

你能使用零钱买东西吗？

这是找给我们的零钱。

我想要买苹果，但是我只有50元的纸币。

珠珠想买苹果，他的钱够吗？

如果他们买苹果时，用50元纸币来付钱，

老板应该找回他们多少钱呢？

学习目标
· 元、角、分之间的换算
· 货币的计算

49.95元

113

学一学

元、角、分

我们在购物的时候，可能需要使用到更小面额的货币。

你知道吗？除了我们之前学过的硬币，还有一些更小面额的硬币。

2个5分=1角

5个2分=1角

50个1分=5角

数一数，填一填。

_____元_____角_____分

_____元_____角_____分

_____元_____角_____分

珠珠的钱包里有多少钱？

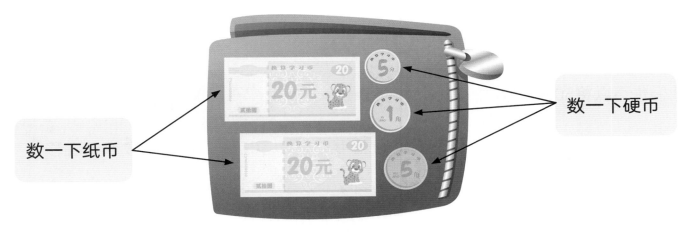

数一下纸币

数一下硬币

珠珠有＿＿＿＿＿＿元纸币、＿＿＿＿＿＿角硬币和＿＿＿＿＿＿分硬币。

我们也可以写作40.65元，使用小数点来将元和角、分隔开。

1元=10角=100分

你还记得我们在小数中学过的十分位和百分位吗？

珠珠有5.25元。我们可以将它转换成分。

如果1元等于100分，
那么5元=500分。

分在小数点之后第二位。
这里是25分。

将两个部分得到的分的数量加起来。珠珠一共有＿＿＿＿＿＿分。

我们也可以将5.25乘100。

$$5.25 \times 100 = 525$$

×10 ×10

当我们乘100时，要将小数点向右移动2个数位。

牙牙有50分的硬币。我们可以将它转换成元。

50分 ➝ 5角 ➝ 0.5元

我们也可以将50除以100。

50 ÷ 100 = 0.50

÷10 ÷10

当我们除以100时，要将小数点向左移动2个数位。然后将小数点写在第二个箭头指向的位置。

将分转换成元，我们要除以100。

货币的计算

珠珠有75.95元，牙牙有14.58元。他们一共有多少钱?

第1步：

将数字在竖式中对齐。

第2步：

从最小的数位开始，

将每一数位上的数字相加。

我们也可以在相加之前先将元转换成分，再将最后的结果转换成元和分的形式。

	元	小数点	角	分
	7	5	.	9	5
+	1	4	.	5	8
	9	0	.	5	3

珠珠有325.09元，牙牙有179.80元，珠珠比牙牙多多少钱?

	元			小数点	角	分
	3	2	5	.	0	9
−	1	7	9	.	8	0
	1	4	5	.	2	9

1 算一算，写一写。

可以换算成多少个5分硬币？

可以换算成多少个1分硬币？

可以换算成多少个5分硬币？

2 请将下面的金额进行单位换算。

3元5角6分=_____分

40.92元=_____分

574分=_____元

3029分=_____元

1021.4元=_____元_____角

640分=_____元

49.05元=_____元_____分

106元5分=_____元

3 请先计算，然后根据得数解下列谜题。

衣
	元			角	分
	2	7	.	2	5
+		9	.	7	1

身
	元			角	分
	7	4	.	0	6
+	1	3	.	6	7

绝
	元			角	分
	9	0	.	7	6
−	4	4	.	9	9

子
	元			角	分
	6	1	.	6	0
−	5	0	.	7	9

山
	元			角	分
	9	3	.	0	2
+		5	.	2	0

游
	元			角	分
	5	5	.	0	8
−		9	.	8	6

鸟
	元				角	分
	5	1	7	.	3	3
+		5	5	.	2	1

千
	元				角	分
	4	0	1	.	4	8
−		3	9	.	5	3

上
	元				角	分
	2	0	0	.	0	1
−	1	0	2	.	8	3

飞
	元				角	分
	6	4	0	.	3	6
+	1	9	9	.	6	9

谜面：无影无踪。

（打一句唐代诗人柳宗元的五言绝句。）

谜底：_____ _____ _____ _____ _____

361.95　98.22　572.54　840.05　45.77

谜面：儿童泳装。

（打一句唐代诗人孟郊的诗句。）

谜底：_____ _____ _____ _____ _____

45.22　10.81　87.73　97.18　36.96

挑战一下

珠珠和朋友们参加了一些活动，并去海鲜市场进行美食之旅。

请根据表格，解决实际问题。

活动		价格
出海观鲸		519.23元/人
城市一日游		289.53元/人
钓鱼		51.41元/天
海鲜市场美食之旅		价格
鱼		36.11/千克
螃蟹		56.43元/千克
贝类烧烤		75.48元/千克

1 珠珠、牙牙、彬彬和娜娜参加了出海观鲸的活动。他们一共付了多少钱？请
   用小数来表示。

   他们一共付了＿＿＿＿＿＿钱。

2 珠珠和他的6个朋友参加了城市一日游，他们一共付了多少钱？请用元、角、
   分的形式来表示。

   他们一共付了＿＿＿＿＿。

3 珠珠和甜甜总共钓了9天鱼。他们又付给了渔民31.01元的渔具租赁费用。如
   果他们平均分担花费的总金额，那么他们各需要支付多少钱？请用元、角、
   分的形式来表示。

   他们各需要支付＿＿＿＿＿。

4 珠珠和朋友们去海鲜市场。他们买了3千克的鱼，4千克螃蟹，还吃了2.5千克
   的贝类烧烤。这些海鲜一共需要支付多少钱？请用小数来表示。

   这些海鲜一共需要支付＿＿＿＿＿元。

总结一下

这一章学完了，感觉怎么样？圈出你的感受吧！

你觉得这一章的内容_____。（圈一圈）

　　　简单　　　　　　　正常　　　　　　有难度

 你会进行元、角、分之间的换算吗？

 你会做货币的计算吗？（请写一写）

第12章

平面图形和立体图形

什么是平面图形和立体图形？

珠珠看到了什么图形？

牙牙之前看到了哪些立体图形？

什么是四边形？

学习目标

· 平面图形和立体图形

· 立体图形的展开图

· 四边形

· 正方体和长方体的表面积

平面图形和立体图形

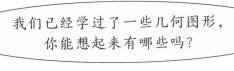

我们已经学过了一些几何图形，你能想起来有哪些吗？

几何图形可以是平面图形，也可以是立体图形。

平面图形是指在同一平面的图形。它们是二维的，有两个测量维度：长和宽。

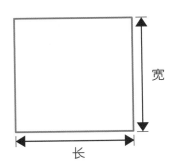

立体图形是三维的。它们有三个测量维度：长、宽和高。

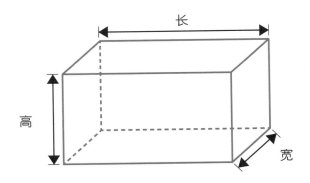

请仔细观察给出的图例，完成下列表格。

图例	平面或立体	名称
	立体	长方体

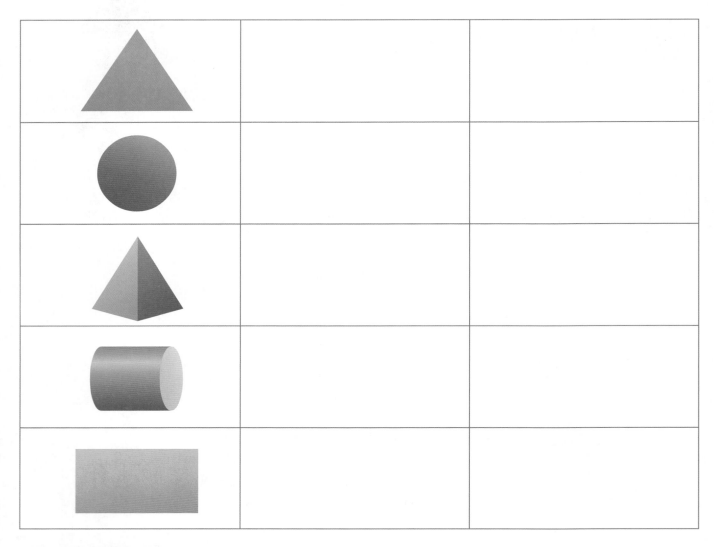

立体图形的展开图

我们把右侧的图形称作正方体的展开图。

当我们把立体图形展开并平放时，就能得

到它的展开图。

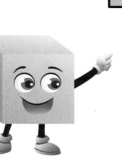

我是正方体！
把我展开就会变成这个样子！

我们可以沿着下面的虚线折出一个正方体。

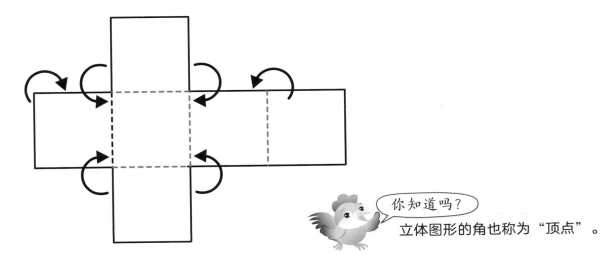

你知道吗?
立体图形的角也称为"顶点"。

请数一数正方体中有几条棱和几个顶点。

棱的数量	顶点的数量

四边形

四边形是有四条边的平面图形。

长方形是四边形。

正方形也是四边形。

这是一些其他的四边形,请数一数并标记出它们分别有几条边。

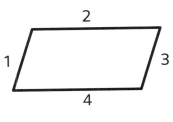

平行四边形

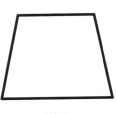

梯形

筝形

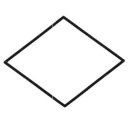

菱形

1 请把下列图形中的平面图形涂成蓝色，立体图形涂成绿色。

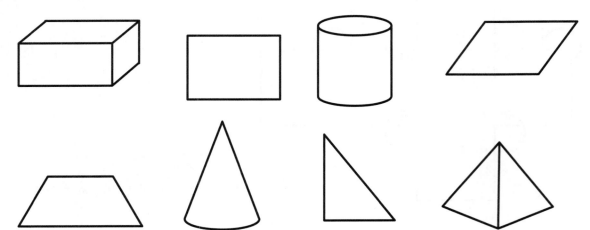

2 请把下面的展开图画在纸上，然后把它们折成立体图形。找出每个立体图形的特点。

这是一个_____。

你能看到哪些平面图形？	面的数量	棱的数量	顶点的数量

这是一个_____。

你能看到哪些平面图形？	面的数量	棱的数量	顶点的数量

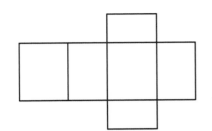

这是一个＿＿＿＿＿＿＿。

你能看到哪些平面图形?	面的数量	棱的数量	顶点的数量

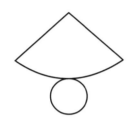

这是一个＿＿＿＿＿＿＿。

你能看到哪些平面图形?	面的数量	棱的数量	顶点的数量

3 猜一猜，并绘制出图形。

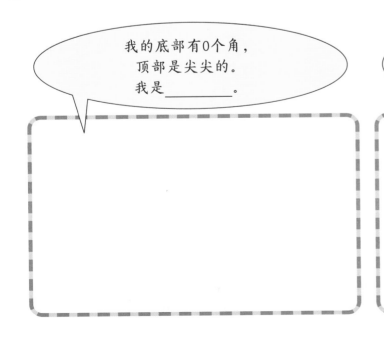

我的底部有0个角，
顶部是尖尖的。
我是＿＿＿＿＿＿。

我有4条边和4个角，
看起来像一个能在天空中飞翔的物体。
我是＿＿＿＿＿＿。

正方体和长方体的表面积

我们把正方形或长方形的长和宽相乘，就能得出它们的面积。

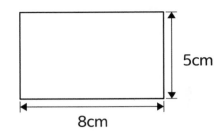

由于立体图形是三维的，我们必须把它们每个面的面积相加，才能得出它们的表面积。

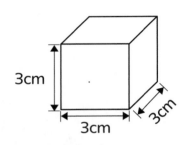

正方体有＿＿＿＿＿＿个相同的面。

1个面的面积=＿＿＿＿＿＿cm²

总的表面积=＿＿＿＿＿＿cm²

求下列立体图形的表面积。

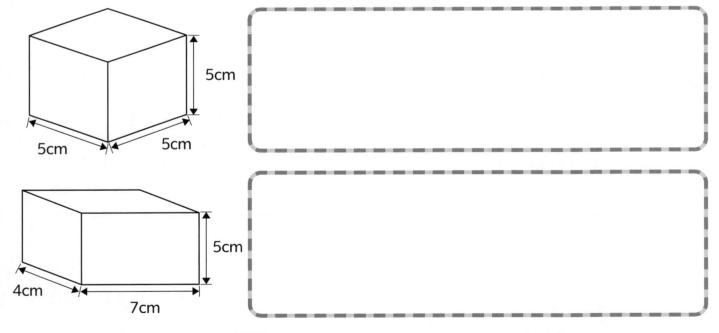

计算长方体的表面积，要先观察一下长方体的展开图。
它与正方体不同，不是每个面的面积都相等。

总结一下

这一章学完了，感觉怎么样？圈出你的感受吧！

你觉得这一章的内容_____。（圈一圈）

简单　　　　　　　　　　正常　　　　　　　　　有难度

你知道什么是平面图形和立体图形吗？（请画一画）

你知道怎样辨别立体图形的平面展开图吗？

你知道什么是四边形吗？（请画一画）

你知道怎样计算正方体和长方体的表面积吗？

第13章

角

什么是角？

在这幅画中，我看到很多物体都有角！

什么是角？

你能像娜娜那样用手臂摆出一个直角吗？

这幅画里有哪些直角？

你能在画中找到比直角小的角吗？

学习目标

· 点、直线、线段和射线

· 认识角

· 锐角、直角、钝角、平角

· 角的度量

点、直线、线段和射线

这是一条直线。它的两边可以无限延长。

←——→

珠珠和甜甜正在地图上寻找宝藏。

他们在人的位置标记了一个点，把它叫作A点。

他们在树的位置上标记了另一个点，叫作B点。

然后在A点和B点之间画一条直线，组成一条线段，把它叫作线段AB。

他们在山和宝藏的位置标记了另外一个点，叫作C点。

然后在B点和C点之间画一条直线。把它叫作线段BC。

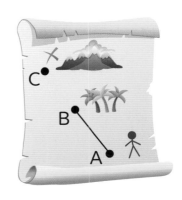

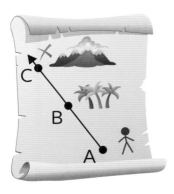

向C点方向延长线段BC，我们称AC为射线。点A是射线的端点。箭头表示射线延伸的方向。

角

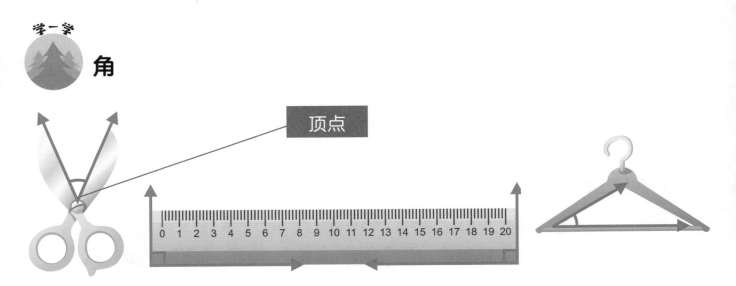

顶点

当两条射线有一个公共端点的时候，就组成了一个角，这个公共端点称为顶点。两条射线是角的两条边。角通常用符号"∠"来表示。度是度量角的单位，度的符号是°。

下面只有一条射线，不是角。

我们可以通过在射线上的点来表示一个角。

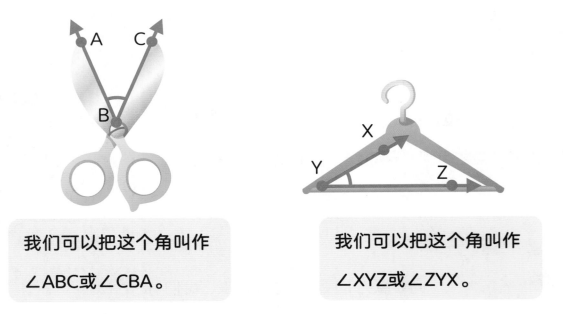

我们可以把这个角叫作∠ABC或∠CBA。

我们可以把这个角叫作∠XYZ或∠ZYX。

中间的字母代表顶点所在的点。另外两个字母代表射线上的点。

直角

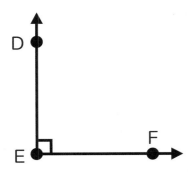

这个角由两条射线组成。

这些射线的名字是：_____和_____。

这个角叫作_____。

这是一个直角。直角的度数是90°。

你能想到哪些物体包含有直角吗？

锐角和钝角

锐角是小于直角的角。

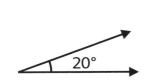

20°

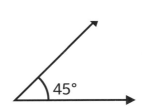

45°

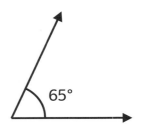

65°

钝角是大于直角小于180°的角。

94°

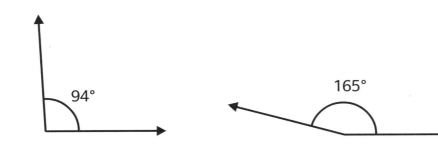

165°

平角

平角在一条直线上。平角的度数是180°。

R　　　　　　　S　　　　　　　T

这条直线上的3个点是：_____，_____和_____。这个角叫作∠_____。

练一练

1　请仿照示例，完成下列表格。

角	点	射线	锐角、直角或钝角	角的名称
K・——・L J	J、K、L	KJ和KL	直角	∠JKL （或∠LKJ）
M 60° N O				
X 120° Z Y				
E F D				

2 请用下列词语填空。

钝角	直角	锐角	点

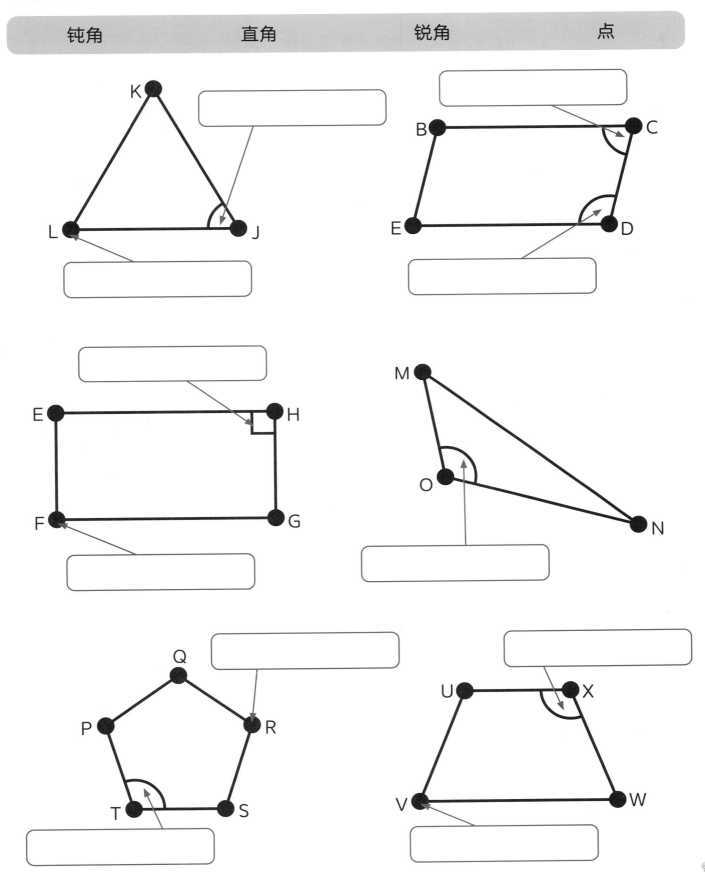

135

角的度量

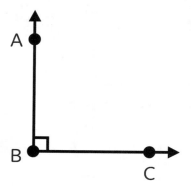

我们可以用量角器来度量角，例如∠ABC。

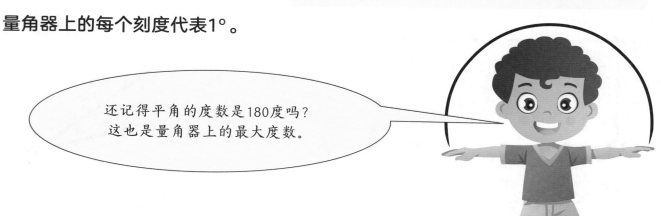

中心点

外圈刻度：

当角的射线指向左边，

从这里开始读数。

内圈刻度：

当角的射线指向右边，从这里开始读数。

量角器上的每个刻度代表1°。

还记得平角的度数是180度吗？
这也是量角器上的最大度数。

我们把量角器的中心点放在两条射线的交点上来测量角度。

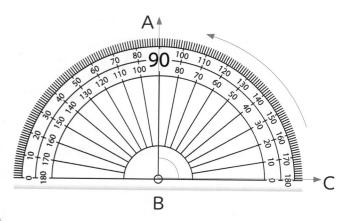

· 射线BC指向量角器内圈刻度的0度。

· 测量∠ABC，我们要从量角器的内圈
开始读数。

· 从射线BA穿过的刻度读取度数。

∠ABC=_____°

请用量角器测量下列角度。

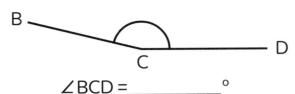

∠BCD =_____°

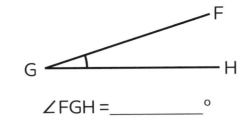

∠FGH =_____°

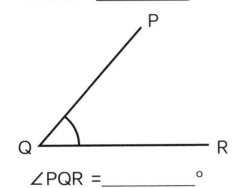

∠PQR =_____°

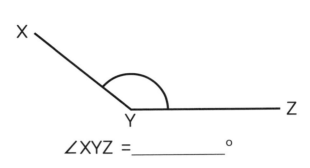

∠XYZ =_____°

我们之前学过四边形是有四条边的平面图形。

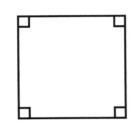

正方形有四个度数相同的角。

测量并算出正方形中所有角的度数的总和：_____°

请测量下面四边形中每个角的度数，然后把所有角的度数加起来。

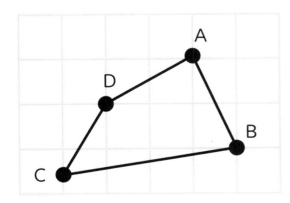

∠BAD= _____°　　∠CBA= _____°

∠DCB= _____°　　∠ADC= _____°

总和 = _____°

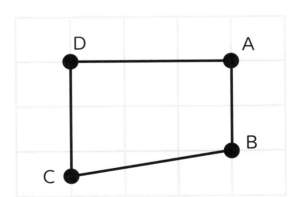

∠BAD= _____°　　∠CBA= _____°

∠DCB= _____°　　∠ADC= _____°

总和 = _____°

你知道吗？

四边形内所有角的度数总和是360°。

这一章学完了，感觉怎么样？圈出你的感受吧！

你觉得这一章的内容_____。（圈一圈）

简单   正常   有难度

你知道什么是角吗？

你知道什么是点、直线、线段和射线吗？（请画一画）

你知道什么是锐角、钝角和平角吗？（请画一画）

你会用量角器测量角的度数吗？

什么是东南、东北、西南、西北？

这次旅行结束后我会想念你们所有人的！

我们将回到位于中国西南部的西双版纳！

我也想家了……

我很高兴能参加这次旅行！

北

你能指出这幅画的西边吗？

你觉得西南方向是哪里？

学习目标
· 东、西、南、北
· 东南、东北、西南、西北

139

东南、东北、西南、西北

我们之前已经学过了东、西、南和北四个方向，它们被称为基本方位。

下面指南针上每个刻度都代表一个特定的方向。让我们仔细看看指南针上的刻度。

你能在指南针上看到东、西、南、北吗？找一找！

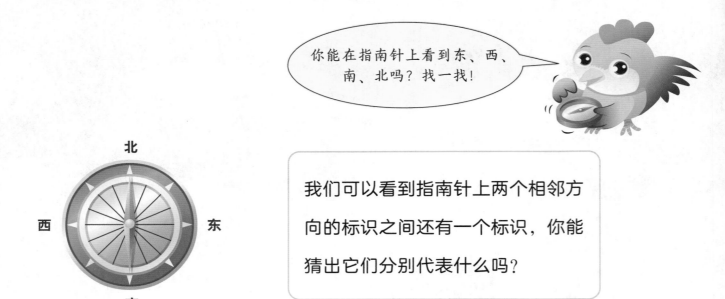

我们可以看到指南针上两个相邻方向的标识之间还有一个标识，你能猜出它们分别代表什么吗？

东南、东北、西南、西北

这些标识分别是东南、东北、西南、西北四个方向。

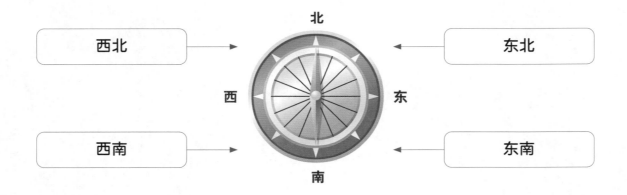

东南、东北、西南、西北是东、西、南、北四个方向之间的方向，也被称为中间方位。

请根据下面的图片填空。

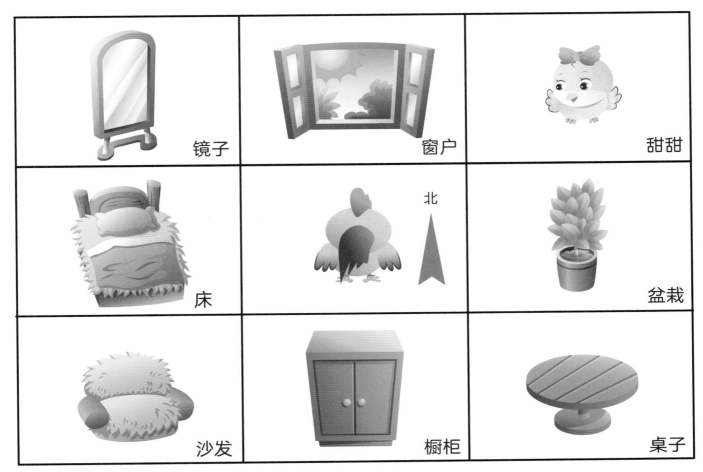

珠珠站在房间的中央。他的南边是橱柜，沙发位于他的西南方向。

① 如果他转向东边，他会看到_____。

② 甜甜位于珠珠的_____。

③ 橱柜位于窗户的_____。

④ 如果珠珠转向_____，他会看到镜子。

⑤ 桌子位于珠珠所站方向的_____。

⑥ 床位于沙发的_____。

请根据描述在表格里画一画，并根据表格填空。

冰激凌店	水族馆	动物园
海岛	家庭旅馆	海滩
轮渡站	海洋博物馆	医院

珠珠和朋友们在海滩。

① 请在珠珠所在位置的西北方向的格子里画一条鱼。

② 珠珠的北边是_____，请在这个格子里画一只鹿。

③ 请在水族馆西边的格子里画一个冰激凌。

④ 请在冰激凌店南边的格子里画一面鼓。

⑤ 位于海岛东南方向的是_____，请在这个格子里画一只海龟。

⑥ 请在海洋博物馆东边的格子里画一个红十字。

⑦ 位于医院西北方向的是_____，请在这个格子里画一座房子，房子上有两个窗户

⑧ 家庭旅馆的西南方向是_____，请在这个格子里面画一条船。

我和甜甜在玩游戏！帮我们赢了这一关吧！

珠珠和甜甜在用手柄玩游戏。手柄的方向控制与指南针的方向一致。

例如，按下数字1，角色将向西北方向移动。

请在方格里标记出手柄上的方向。数字5位于中间。

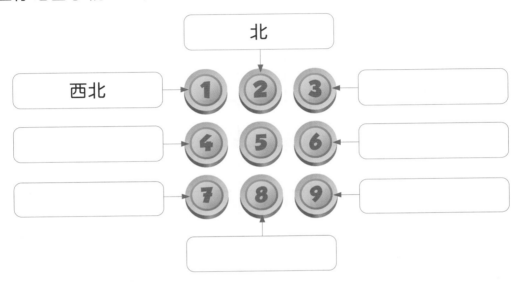

北

西北

下面的地图中，角色只能踩在粉色的方块上，有物体的方块不能踩。

角色必须先拿到钥匙，然后才能拿到宝箱。

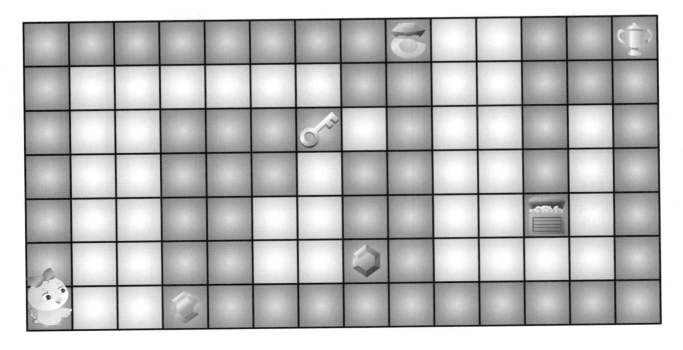

珠珠和甜甜通过按下面的数字赢得了一关，请用手指在地图上画一下路线。

拿到钥匙的数字	2,2,2,2,2,2,6,6,6,6,6,6,6,9,8,8,8,8,7, 4,4,1,2,3,3
拿到宝箱的数字	7,7,8,9,6,6,6,6,6,6,6,6,2,2,2,2,1,7,8,8

下面的地图中，角色只能踩在绿色的方块上，有物体的方块不能踩。

角色必须先拿到钥匙，然后才能拿到宝箱。请使用手柄移动角色，完成游戏。

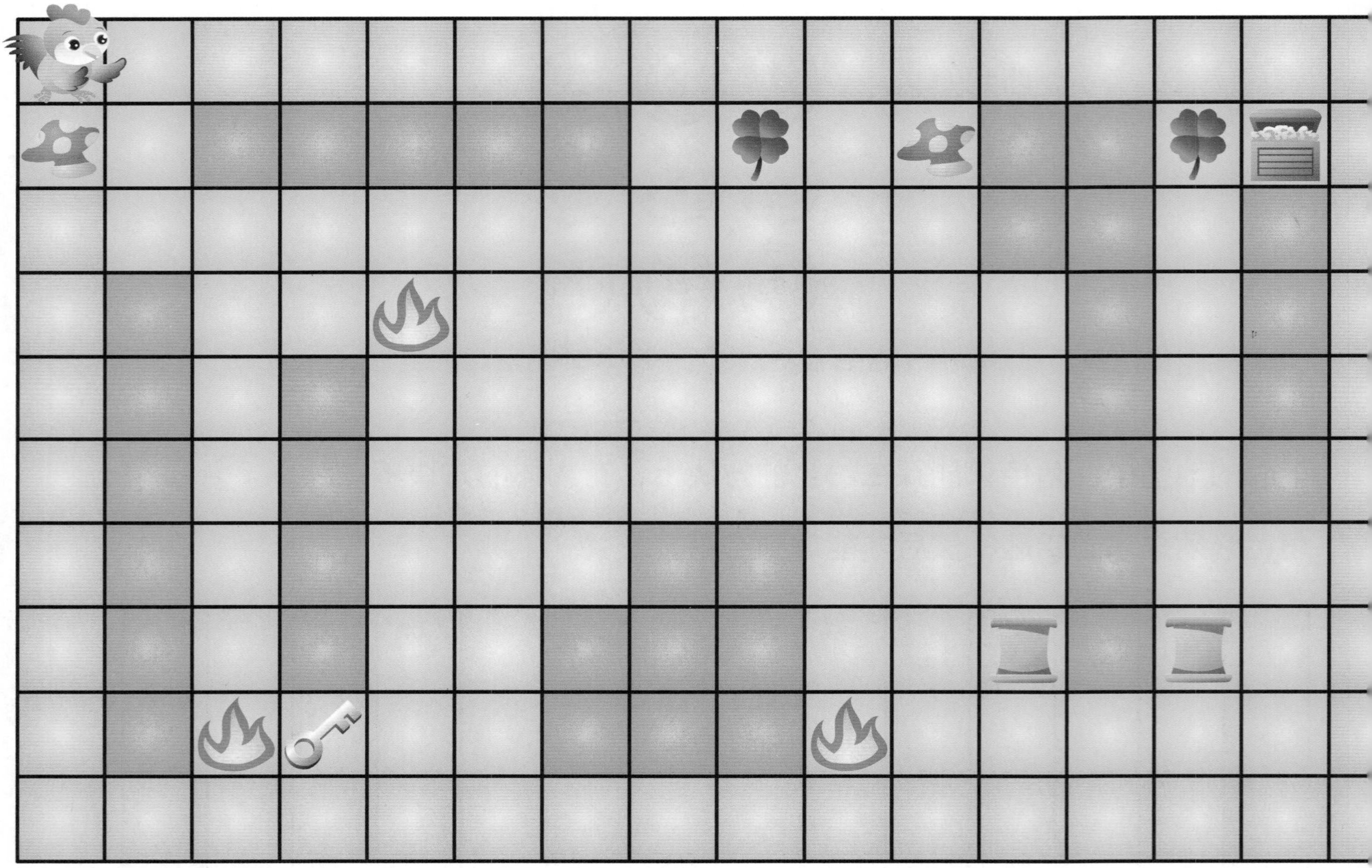

拿到钥匙的数字	
拿到宝箱的数字	

这一章学完了，感觉怎么样？圈出你的感受吧！

你觉得这一章的内容_____。（圈一圈）

简单　　　　　　正常　　　　　　有难度

你知道东、西、南、北四个方向吗？（请画一画）

你知道什么是东南、东北、西南、西北方向吗？（请画一画）

第15章

图 表

还有哪些表示数据的方法？

时间过得真快呀！
我们的旅行就要结束了。

我们一起把旅行中做了什么记录下来吧，
这样就可以一直记住了！

该回家了！
我会想念你们的！

时 间 表

星期一						
星期二						
星期三						
星期四						
星期五						

旅行中最喜欢的地点	
济南	卌 卌 Ⅱ
黄山	卌 ⅢⅠ
婺源	卌 卌 Ⅲ
厦门	卌 卌 Ⅲ

珠珠和朋友们怎样用不同的方式表示数据？

为什么收集数据很重要？

学习目标
· 根据数据画图表
· 日程表

学一学

计数表和日程表

波波记录了一些信息。

旅行中最喜欢的地点	学生人数
济南	12
黄山	9
婺源	18
厦门	15

请根据这些信息完成下面的表格和条形统计图。

旅行中最喜欢的地点	学生人数
济南	☺ ☺ ☺ ☺
黄山	
婺源	
厦门	

注：每个☺代表3个学生

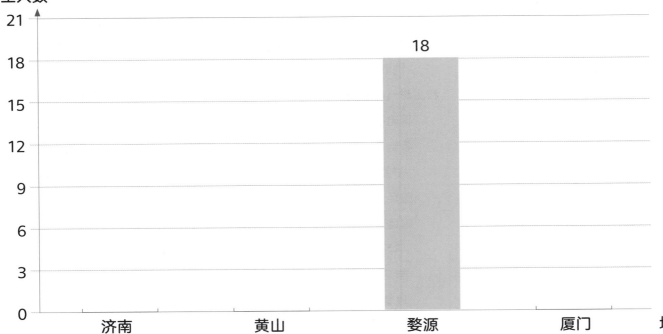

我们也可以用其他方式来表示数据。

计数表

计数表看起来类似于统计图。通过画线（或写正字）来表示数据。

如果有2个人在九月出生，我们就画两条线来表示，像这样：

由1条斜线穿过4条竖线组成的5条直线，代表5个一组。

如果有10个人在五月出生，我们就画10条这样的线：

有16个人在八月出生，完成下面的计数表。

出生月份	人数
九月	
五月	
八月	

日程表

日程表可以包含时间、日期和活动等信息。

让我们看看珠珠在假期中每天会做哪些事情。

你在学校的课程表是什么样的？

时间	星期一	星期二	星期三	星期四	星期五
上午8点—9点	洗漱	洗漱	洗漱	洗漱	洗漱
上午9点—10点	看电视	和甜甜一起玩耍	看电视	看电视	和甜甜一起玩耍
上午10点—11点	学习	看电视	看电视	和甜甜一起玩耍	看电视
上午11点—正午12点	学习	看电视	学习	和甜甜一起玩耍	看电视
正午12点—下午1点	午餐	午餐	午餐	午餐	午餐
下午1点—2点	看电视	踢足球	学习	学习	打篮球
下午2点—3点	打篮球	踢足球	和甜甜一起玩耍	打篮球	打篮球
下午3点—4点	和妈妈一起购物	学习	踢足球	学习	学习
下午4点—5点	和妈妈一起购物	学习	踢足球	和甜甜一起玩耍	学习
下午5点—6点	晚餐	晚餐	晚餐	晚餐	晚餐

珠珠和同学们在给学校旅行打分，分值为1—5分。请根据下面的数据完成计数表。

1   2   5   5   4   5   4   5   3   5   1
4   4   3   5   4   2   4   5
5   5   3   4   3   4   2   4
5   5   4   5   3
4   5   4   5   3   4   2   5   4   2

分值	打分的学生人数	画线表示
1		
2		
3		
4		
5		

· 有多少名学生给旅行打了1分?

· 给旅行打5分的学生比打2分的学生多多少?

· 打哪个分数的学生人数最多?

· 总共有多少名学生参加了这次打分?

请观察下列课程表，回答问题。

			珠珠的课程表		
时间	星期一	星期二	星期三	星期四	星期五
8点—8点45	英语	语文	健康	社会实践	语文
8点55—9点40	科学	语文	英语	语文	语文
9点50—10点35	音乐	数学	科学	英语	科学
10点45—11点30	数学	英语	社会实践	英语	数学
11点30—13点	午休	午休	午休	午休	午休
13点—13点45	数学	体育	语文	数学	数学
13点55—14点40	英语	体育	数学	科学	美术
14点50—15点35	语文	美术	音乐	体育	英语
15点45—16点30	语文	健康	音乐	体育	社会实践

· 珠珠每天在学校多长时间？（请用小时和分钟的形式表示）

· 珠珠一共学习_____门课程。

· 哪一门课程的课时最多？

· 珠珠每周上课时间最少的科目是_____和_____。

· 珠珠用在数学课上的时间比社会实践课多_____。（请用分钟的形式表示）

· 珠珠每周在学校多少小时？

· 珠珠每周上课时间为3小时的科目是_____。

· 星期一到星期三，除午休以外，珠珠共上课_____小时。

挑战一下

彬彬、波波和娜娜正在等回家的火车。

请根据已有信息将列车时刻表补充完整，并解决实际问题。

再见！很高兴和你同行！

线路	发车时间	到站时间	旅途用时	距离（km）	票价
苏州—北京	19:00		5小时38分钟	1237	523元
苏州—上海	18:45	19:30	35分钟	84	40元
上海—杭州	20:05		1小时21分钟	169	78元
杭州—厦门		04:53	6小时35分钟	950	333元
苏州—西安	12:38	19:38		1428	636元

① 从苏州到北京比从苏州到杭州多用多少时间？（不考虑换乘时间）请用小时加分钟的形式表示。

② 如果乘车从苏州到达了上海，最少要等多长时间才能登上开往杭州的火车？

③ 如果彬彬、波波和娜娜要从苏州到厦门，他们坐火车的总票价是多少？

④ 苏州和西安之间的距离是1428千米，如果火车以匀速（不变的速度）行驶，每小时行驶的距离是多少？

这一章学完了，感觉怎么样？圈出你的感受吧！

你觉得这一章的内容_____。（圈一圈）

简单　　　　　　　　正常　　　　　　　　有难度

你会用给出的数据画条形统计图吗？（请画一画）

你能从条形统计图中读取数据吗？

你会用给出的数据画日程表吗？（请画一画）

你会从日程表上读取数据吗？

术语表

比例尺
一幅图的图上距离和实际距离的比。

$1 : 1000$

带分数
由整数和真分数合成的数。

$1\frac{2}{3}$

顶点
角的两条边的交点。

基本方位
东、西、南、北。

假分数
分子比分母大或分子和分母相等的分数。

$\frac{11}{4}$

角
从一点引出两条射线所组成的图形。
角可以是锐角、直角、钝角或平角。

量角器
量角度或画角用的器具，一般是半圆形
透明薄片，在圆周上刻着0—180的度数。

面积
平面或者物体表面的大小。
长方形的面积可以用长乘宽来计算。

平面图形
有些几何图形（如线段、角、三角形、长方形、圆等）的各部
分都在同一平面内，它们是平面图形。

平面展开图
有些立体图形是由一些平面图形围成的，
将它们的表面适当剪开，可以展开成平面
图形，这样的平面图形称为立体图形的平
面展开图。

千米
长度单位，符号是km。1千米等于1000米。

日程表
按日排定的行事程序图表。

射线
把线段向一端无限延伸，就得到一条射线。
射线只有一个端点。

时钟
能报时的钟。

四边形
同一平面上的四条直线所围成的图形。

"四舍五入"法
当需要保留的数位后一位的数小于5的时候，把保留数位后面的数
全舍去，改写成0；当需要保留的数位后一位的数大于或等于5的
时候，向前一位进1，再把保留数位后面的数全舍去，改写成0。
像这样求近似数的方法叫作"四舍五入"法。

$7528 \approx 7500$

同分母分数
分母相同的分数。

统计表
指对某一现象有关的数据进行搜集、整理、计算和分析等的图表。

小数
像0.5、1.4、0.75这样的数叫作小数。在小数中，符号"."叫作
数点，小数点左边的数是整数部分，右边的数是小数部分。

异分母分数
分母不同的分数。

中间方位
东北、东南、西北、西南。

周长
封闭图形一周的长度。
长方形的周长是把所有的长和宽都加起来。

24时计时法
为了简明且不易出错，经常采用从0时到24时的计时法，通常叫作
24时计时法。

考答案 （有的题目答案、解题方法不唯一，正确即可。）

1111粒

二万七千六百二十七
四万一千零四十二
六万七千八百九十九

6	2	1	2	3
1	4	0	5	1
3	0	5	1	6
2	3	2	2	4

七星瓢虫

49999，50001

<，>，=

62999，63001；35883，35884；
21535，21536；74998，74999；
99998，100000

>，<，>，=，<，<

70，40，110；620，4410，50010
400，800，900；
2500，10200，76800
6000，8000，13000；
56000，3000，64000

19295，47248，51160

3	2	1	4
1	4	3	2
2	1	4	3
4	3	2	1

3	4	2	1
1	2	4	3
4	1	3	2
2	3	1	4

25094，25945，30201，44723，68762
21915，23660，49787，53811，60005
16792，32606，43844，67463，81557
46022，33026，21813，12444，8099

93323，77078，50921，40766，35635
30015，30020，30025，30030
78040，78043，78049
23600，23800，23900
47450，47250，47050，46650
99691，99683，99679，99675，99671

---

p.14

8	9	0	1

2	6	8	8

5	8	9	1	6

6	8	9	0

3	9	9	8	7

p.15

7	9	9	4	9

7	1	9	5	7

7	9	9	4	8

7	7	9	9	7

9	9	9	0	9

9	8	6	1	0

春江水暖鸭先知。

p.16 答案略

p.17

A: 3 5 6 0 5   B: 5 1 0 1 8
C: 6 5 3 1 3   D: 7 0 1 2 0
E: 8 8 2 1 9   F: 9 1 5 7 4
90

p.18 570，900，2330；4400，6500，
24800；35000，67000，93000

p.19 答案略；40938+55329=96267，96267

p.20 23544+43210≈67000，67000
55977+43800=99777，99777
12652+12437+16779=41868，41868

p.23

2	1	3
2	1	3
4	4	6

1	2	0
1	2	0
7	3	5

1	0	7
1	0	7
5	0	1

2	0	3	4

2	0	3	4
4	3	0	3

p.25

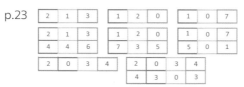

横向　①59，⑦651　纵向　①5066，④6815
　　　②14，⑧37　　　　②19，⑥957
　　　④699，⑩750　　　③4963，⑨729
　　　⑤698，⑪29

p.26

读万卷书，行万里路

p.27 30；20，60，450；300，400，6600

p.28 6000，1000，1000；1959，4544

p.29 6048-5307=741，741
8513-4026=4487，4487
10000-1308=8692，8692

---

p.32 答案略

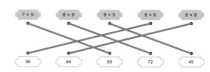

　30，42，54，48

p.33 49，21，28，35
　32，72，56，48
　18，45，72，36

p.34 答案略

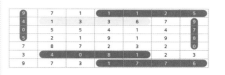

40，四十，42，四十二，81，八十一
32，三十二；27，二十七

p.35

2	9	4	4
	5	7	6
		9	6
1	5	3	6

20；2000

p.36　900，4000，5600

6	2	5
1	3	6
9	7	9

3	9	2	7
1	1	2	5
1	7	6	

5	3	8	2
4	0	8	1
9	4	0	5

p.37

6	0	0
		7
4	2	0	0

4200

4	8	8
		8
3	9	0	4

3904

4	6	5
		6
2	7	9	0

2790

p.40　9735，9735

1	7	2	8
7	4	8	8

3	6	7	5
5	2	5	
8	7	2	5

4	2	0	3
4	6	7	

1	2	7
8	5	2
9	7	9

3	5	9	8
8	9		

3	0	1	5
6	0	3	
9	0	4	5

p.43　40÷8=5；答案略，5

155

p.44
```
    12
6)73
   6
  13
  12
   1
```
```
    11
8)90
   8
  10
   8
   2
```
```
    8
7)61
  56
   5
```
```
   11
9)107
   9
  17
   9
   8
```
```
    22
7)155
  14
  15
  14
   1
```
```
    43
9)389
  36
  29
  27
   2
```
```
    96
7)678
  63
  48
  42
   6
```
```
   154
6)928
   6
  32
  30
  28
  24
   4
```
```
   118
9)1063
  9
  16
   9
  73
  72
   1
```
```
   521
8)4169
  40
  16
  16
   9
   8
   1
```
```
   474
6)2844
  24
  44
  42
  24
  24
   0
```
```
   921
8)7372
  72
  17
  16
  12
   8
   4
```

p.45　214；257

p.46
```
   232
11)2552
  22
  35
  33
  22
  22
   0
```
```
   221
14)3094
  28
  29
  28
  14
  14
   0
```
```
   414
12)4968
  48
  16
  12
  48
  48
   0
```
```
   403
15)6045
  60
   4
   0
  45
  45
   0
```
```
   401
18)7218
  72
   1
   0
  18
  18
   0
```
```
   334
16)5344
  48
  54
  48
  64
  64
   0
```

答案略

p.47
```
    67
10)670
   60
   70
   70
    0
```
```
    31
30)930
   90
   30
   30
    0
```
```
    50
50)2500
   250
     0
     0
```
```
     39
100)3900
   300
   900
   900
     0
```
```
     8
400)3200
   3200
      0
```
```
     2
1800)3600
   3600
      0
```

p.48　9528÷6=1588
6×1588=9528，1588
18378÷9=2042
9×2042=18378，2042

p.49　4725÷7=675
7×675=4725，675
1860÷6=310
310×4=1240，1240

p.50　18，194；19，23

p.53　8000，500，20，6，是
答案略

p.54

p.55
（图）

p.56　0.06

p.57　4，5，2，8；40，5，0.2，0.08
3，9，2，0，9；300，90，2，0，0.09
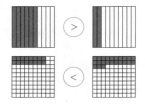

p.58　$\frac{7}{10}$，0.7；$\frac{3}{10}$，0.3；$\frac{8}{10}$，0.8
$\frac{8}{25}$，0.32；$\frac{7}{50}$，0.14；$\frac{12}{20}$，0.6
$\frac{17}{50}$，$\frac{11}{25}$，$\frac{1}{5}$，$\frac{2}{25}$，$\frac{4}{5}$，$\frac{49}{50}$

p.61　281.03，310.82，132.38，814
47.6，49.07，246.15，282.11，86.22
137.1，338.25，125.61

p.62　答案略

p.63　1050，10.5
10.81，16.05，61.25
0.368，1.128，38.9664

p.64　17.07，43.01，60，220，511

p.65　483.84÷16=30.24（升），30.24
$\frac{1}{4}$×40.8=10.2（千克），
40.8+10.2=51（千克），51
38.6×2=77.2（千克），
18.9×3=56.7（千克），
77.2+56.7=133.9（千克），133.9
65×5.5=357.5（元），357.5

p.68　$\frac{1}{5}$

p.69

$\frac{6}{4}$

p.70　3，3+2=5，$\frac{5}{3}$
2，1；2，$2\frac{1}{4}$

p.71　$\frac{1}{3}$，1，3
5÷6，$\frac{5}{6}$，5，6
3÷6，$\frac{3}{6}$，3，6
4÷5，$\frac{4}{5}$，4，5
假分数：$\frac{103}{42}$，$\frac{7}{3}$，$\frac{15}{14}$，$\frac{29}{12}$，$\frac{43}{5}$
真分数：$\frac{6}{11}$，$\frac{2}{27}$，$\frac{8}{17}$，$\frac{3}{107}$

p.72
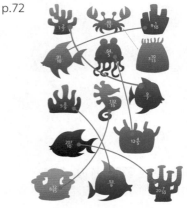

p.73　$\frac{1342}{5}$ + $\frac{751}{5}$ = $\frac{2093}{5}$（千克），$\frac{2093}{5}$
$\frac{1342}{5}$ - $\frac{751}{5}$ = $\frac{591}{5}$（千克），$\frac{591}{5}$
$\frac{751}{5}$ × 2 = $\frac{1502}{5}$（千克），
$\frac{1342}{5}$ × 2 = $\frac{2684}{5}$（千克），
$\frac{1502}{5}$ + $\frac{2684}{5}$ = $\frac{4186}{5}$（千克），$\frac{4186}{5}$

p.74　$\frac{6}{16}$ = $\frac{3}{8}$
$\frac{8}{24}$　　$\frac{12}{24}$
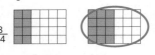

p.76　$\frac{9}{12}$，$\frac{7}{20}$
$\frac{11}{12}$，$\frac{33}{28}$ = $1\frac{5}{28}$
$\frac{2}{9}$，$\frac{17}{15}$ = $1\frac{2}{15}$
$\frac{59}{40}$ = $1\frac{19}{40}$，$\frac{11}{18}$

海洋中的热带雨林

>, >, =, <, <, =, >, <

$\frac{1}{6}$, $\frac{5}{12}$, $\frac{1}{2}$, $\frac{7}{12}$, $\frac{2}{3}$, $\frac{3}{4}$

$\frac{3}{28}$, $\frac{5}{28}$, $\frac{1}{4}$, $\frac{5}{14}$, $\frac{3}{7}$, $\frac{1}{2}$, $\frac{6}{7}$, $\frac{5}{4}$

$\frac{2}{2}$, $\frac{45}{50}$, $\frac{8}{10}$, $\frac{7}{10}$, $\frac{3}{5}$, $\frac{7}{25}$, $\frac{1}{5}$, $\frac{3}{25}$

$\frac{3}{2}$, $\frac{15}{18}$, $\frac{3}{6}$, $\frac{4}{9}$, $\frac{1}{3}$, $\frac{2}{9}$

$\frac{1}{6}+\frac{4}{5}=\frac{29}{30}$, $1-\frac{29}{30}=\frac{1}{30}$,

4740×$\frac{1}{30}$=158（名），158

$\frac{5}{8}$ × 1920 = 1200（枚）

$\frac{1}{3}$ × 1200 = 400（枚），400

1080

9720

17.5, 17500

650, 2.054, 4059
50.21, 20000, 0.0937
4059cm, 50.21m, 0.0937km,
20000cm, 650m, 2.054km
24.93, 48.98, 12.1296
17, 640; 48.75; 66921.6

56100

680g

2930g

6.92÷2=3.46（kg），3.46kg

8.56×3=25.68（kg），
5.04×1=5.04（kg），
170×4=680（g），680g=0.68kg，
6.92×2=13.84（kg），
25.68+5.04+0.68+13.84=45.24（kg），
45.24kg
5×500=2500（g），6×170=1020（g），
2500－1020=1480（g），
5×30=150（元），6×11=66（元），
150－66=84（元），1480g，84

10kg275g=10275g，
10275÷15=685（g），
685g=0.685kg，0.685
1kg476g=1476g，
1476×16=23616（g），
23616g=23kg616g，
23，616

p.88　18780
1750，<，1820
24075，>，20689

p.89　24×500=12000（mL），
30×300=9000（mL），
12000－9000=3000（mL），
3000mL=3L，3
1L250mL=1250mL
$\frac{1}{5}$×1250=250（mL），
250+1250=1500（mL），
1500mL=1L500mL
1，500
540×2=1080（mL），$\frac{1}{6}$×540=90（mL），
1080+540+90=1710（mL），1710

p.90　12

p.91　3+5=8（m），8×4=32（m²），
2.5+2.5=5（m），2.5×5=12.5（m²），
32+12.5=44.5（m²），44.5
4+4+8+8=24（m），2.5+2.5+5+5=15（m），
24+15=39（m），4.5+4.5+3.5+3.5=16（m），
1.5+1.5+1+1=5（m），16+5=21（m），
7+7+3+3=20（m），39+21+20=80（m），80
1.5×1=1.5（m²），4.5×3.5=15.75（m²），
15.75+1.5=17.25（m²），
7×3=21（m²），44.5+17.25+21=82.75（m²），
82.75

p.92　4+4+6+6=20，6×4=24
2+2+6+6=16，2×6=12
4+2+1+2+3+4=16；3×4=12，2×1=2，
12+2=14
3+3+1+3+4+6=20；3×6=18，1×3=3，
18+3=21

p.93　答案略

p.94　16.5

p.98　1:45、30、0.84、1:250、120；
29.7、1:7000、1:1、800、1:12000

p.99　490、490、7；答案略
2500、2500、10；答案略；答案略

p.101　答案略
6×50=300（厘米），300厘米=3米，
10×50=500（厘米），500厘米=5米，
3×5=15（平方米），
15×300=4500（元），4500
4×50=200（厘米），200厘米=2米，
10×50=500（厘米），500厘米=5米，
2×5=10（平方米），1×50=50（厘米），
50厘米=0.5米，7×50=350（厘米），
350厘米=3.5米，
0.5×3.5=1.75（平方米），
10－1.75=8.25（平方米），8.25

p.104　18；3、4；3:18
8点29分，8:29；11点07分，11:07；
12点36分，12:36

p.105

p.106　24

p.107

p.108　16:15、11:45、22:43、18:33
5:01

p.109　13:13；19:10；2小时29分钟

p.110　14，55
104分钟、1、44

p.111　3小时34分钟=214分钟，
214×4=856（分钟）=14小时16分钟，
14小时16分钟
7小时42分钟=462分钟，
462分钟÷7=66分钟=1小时6分钟，
1小时6分钟
3小时9分钟=189分钟，
189分钟÷9=21分钟，
21分钟

p.114　5、2、2；1、0、4；0、8、5

p.115　40、6、5；525

p.117　20个、200个、100个
356、4092、5.74、30.29
1021、4；6.4、49、5；106.05

p.118　
3 6 . 9 6	8 7 . 7 3	4 5 . 7 7
1 0 . 8 1	9 8 . 2 2	4 5 . 2 2
5 7 2 . 5 4	3 6 1 . 9 5	
9 7 . 1 8	8 4 0 . 0 5	

千山鸟飞绝，游子身上衣

p.120　519.23×4=2076.92（元），2076.92元
289.53×7=2026.71（元），2026元7角1分；
51.41×9=462.69（元），
462.69+31.01=493.7（元），
493.7÷2=246.85（元），
246元8角5分；
36.11×3=108.33（元），
56.43×4=225.72（元），
75.48×2.5=188.7（元），
108.33+225.72+188.7=522.75（元），
522.75

p.123　立体，圆锥

p.124　平面，三角形
平面，圆形
立体，三棱锥
立体，圆柱
平面，长方形

p.125　12，8

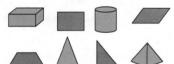

p.126　

四棱锥，正方形和三角形，5，8，5
圆柱，长方形和圆形，3，0，0

p.127　长方体，长方形，6，12，8
圆锥，圆形和扇形，2，0，1
圆锥，筝形

p.128　6，9，54；
5×5=25（cm²），25×6=150（cm²），
5×7=35（cm²），35×2=70（cm²），
4×7=28（cm²），28×2=56（cm²），
4×5=20（cm²），20×2=40（cm²），
70+56+40=166（cm²）

p.133　ED，EF，∠DEF（或∠FED）

p.134　R，S，T，∠RST（或∠TSR）
M、O、N，OM和ON，锐角，
∠MON（或∠NOM）
X、Y、Z，YZ和YX，钝角，
∠XYZ（或∠ZYX）
D、E、F，ED和EF，直角，
∠DEF（或∠FED）

p.135　
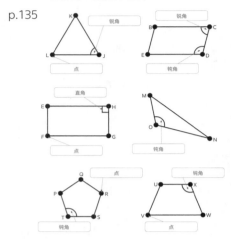

p.136　90

p.137　答案略

p.141　盆栽，东北，南边
西北，东南，北边

p.142　答案略；动物园，答案略；答案略；
答案略；海洋博物馆，答案略；
答案略；家庭旅馆，答案略；
轮渡站，答案略

p.143　
北		
西北	①②③	东北
西	④⑤⑥	东
西南	⑦⑧⑨	东南
南		

p.144　答案略
9，9，9，9，8，8，8，8，4
6，2，2，2，2，3，3，6，6，9，
6，6，8，8，8，7，9，6，6，6，
2，2，1，2，2，2，3

p.147　
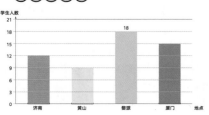

p.148　
出生月份	人数
九月	11
五月	11111 11111
八月	11111 11111 11111 1

p.149　
分值	打分的学生人数	画线表示
1	2	11
2	4	1111
3	4	1111
4	13	11111 11111 111
5	12	11111 11111 11

2名，8名，4分，35名

p.150　8小时30分钟
9
语文
美术，健康
180分钟
8小时30分钟=8.5小时
8.5小时×5=42.5小时，
42.5小时=42小时30分钟
体育和科学
18

p.151　00:38，21:26，22:18，7小时

p.152　35分钟+1小时21分钟=1小时56分钟
5小时38分钟−1小时56分钟=3小时4
35分钟
40+78+333=451（元），
451×3=1353（元）
1428÷7=204（千米）

北京市版权局著作合同登记号：图字01-2022-2060

图书在版编目（CIP）数据

新加坡数学开心课堂：提高版. 下 / 新加坡艾尔斯
顿教育出版社主编；（新加坡）李慧恩著；大眼鸟译
. — 北京：台海出版社，2023.10
　书名原文：Happy Maths 5
　ISBN 978-7-5168-3635-4

　Ⅰ．①新… Ⅱ．①新… ②李… ③大… Ⅲ．①数学 -
少儿读物 Ⅳ．①O1-49

中国国家版本馆CIP数据核字(2023)第169371号

新加坡数学开心课堂　提高版（下）

著　　者：新加坡艾尔斯顿教育出版社　主编　　[新加坡] 李慧恩　著　　大眼鸟　译	
出 版 人：蔡　旭	策划编辑：罗雅琴　　周姗姗
责任编辑：王　萍	美术编辑：李向宇

出版发行：台海出版社
地　　址：北京市东城区景山东街20号　　　　　邮政编码：100009
电　　话：010-64041652（发行、邮购）
传　　真：010-84045799（总编室）
网　　址：www.taimeng.org.cn/thcbs/default.htm
E - mail：thcbs@126.com

经　　销：全国各地新华书店
印　　刷：小森印刷（北京）有限公司
本书如有破损、缺页、装订错误，请与本社联系调换

开　　本：889毫米×1194毫米　　　　　　1/16
字　　数：84千字　　　　　　　　　　　印　　张：10.5
版　　次：2023年10月第1版　　　　　　印　　次：2023年10月第1次印刷
书　　号：ISBN 978-7-5168-3635-4

定　　价：158.00元（全4册）

提高版
（上）

新加坡艾尔斯顿教育出版社　主编　　［新加坡］李慧恩　著

大眼鸟　译

台海出版社

目　录

请写出下列各数的汉字写法。

8916

_____

6789

_____

请写出下列各数。

五千八百五十一

_____

三千四百七十七

_____

小薇有5篮种子，每篮有1000粒种子。她一共有多少粒种子？
请将答案写在下面的表中。

千位	百位	十位	个位

20个一百是多少？请在下面的表中表示这个数。

千位	百位	十位	个位

由6个千、4个百、9个十、3个一组成的数是多少？请在下面的表中表示这个数。

千位	百位	十位	个位

想一想，填一填。

小伦在想一个四位数。

十位上的数与猫的腿数相同。

百位上的数比十位上的数多2。

千位上的数比百位上的数少4。

个位上的数比百位上的数多3。

这个四位数是＿＿＿＿＿＿＿＿＿＿。

菲菲在想一个四位数。

个位上的数是7。

百位上的数比个位上的数少5。

十位上的数是百位上的数的一半。

千位上的数大于个位上的数，并且小于9。

这个四位数是＿＿＿＿＿＿＿＿＿＿。

请根据表格，完成问题。

字母	数
A	7809
B	4567
C	2862
D	1719

用"大于"或"小于"填空。

字母C对应的数＿＿＿＿＿＿＿＿字母B对应的数。

字母A对应的数＿＿＿＿＿＿＿＿字母D对应的数。

最大的数对应的是哪个字母？

哪个字母对应的数最小？

字母B对应的数有多少个千、百、十和一？

千位	百位	十位	个位

按升序排列表格中的数，将它们对应的字母写在下方空白处。

第2章　加法

算一算。

1011+2013=_____

3023+4015=_____

1798+1316=_____

1155+1278=_____

1176＿＿＿＿＿2167

3456＿＿＿＿＿2345

6257＿＿＿＿＿7909

1234＿＿＿＿＿1178

1234+2345________3456

1367+2345________1465+2278

解决下列实际问题。

某工厂有4672个零件，又进了1939个。现在工厂有多少个零件?

现在工厂有________个零件。

图书馆里有5367本书。学校又购置了3456本。现在图书馆里有多少本书?

现在图书馆里有________本书。

一架飞机进行特技表演，起飞后距离地面2366米。之后飞机升高了4589米，后又升高了3007米。飞机现在距离地面多少米？

飞机现在距离地面_____米。

水果店里有苹果1278千克，又进了3590千克。因为保存不当，有1045千克烂掉了。水果店现在有多少千克苹果？

水果店现在有_____千克苹果。

水壶里装有1546毫升橙汁。小丹将10杯橙汁倒入壶中。如果每个杯子含有167毫升橙汁，现在壶中有多少毫升橙汁？

现在壶中有_____毫升橙汁。

算一算。

185-109=_____

678-189=_____

600-397=_____

1000-989=_____

987-365=_____

789-174=_____

657-196=_____

412-256=_____

876-299=_____

389-153=_____

目的地	票价
黄村	567元
红镇	354元
蓝城	1045元

按火车票价由高到低的顺序排列目的地。

如果小文想去蓝城，他需要付多少元？

他需要付_____元。

一周内，小米前往黄村2次，红镇2次。小罗去了蓝城2次，黄村1次。小罗单程的交通费比小米的多多少元？

小罗单程的交通费比小米的多_____元。

请在下面的方框中画3条线段。

请在下面的方框中画3条曲线。

请判断下图的线是"线段"还是"曲线"，并写在下面的方框里。

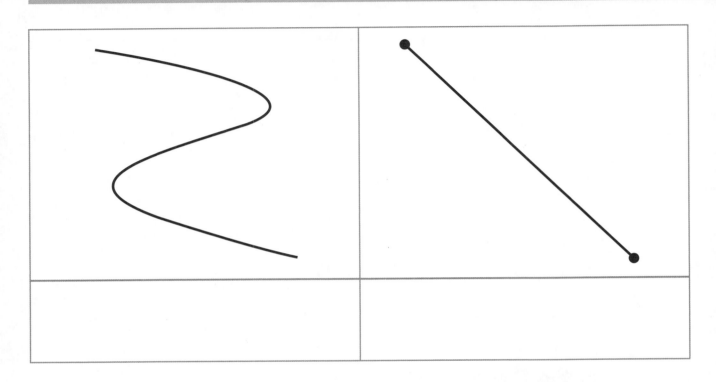

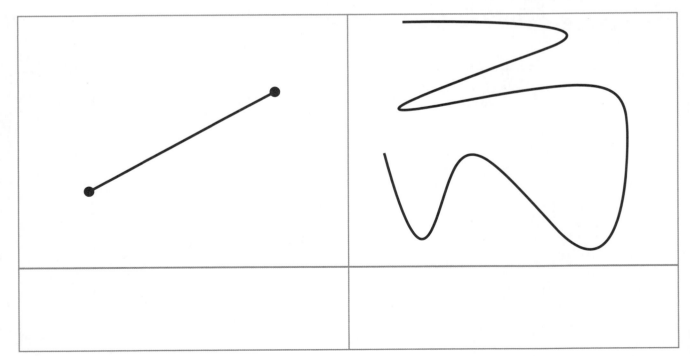

16

我由4条线段组成，所有线段都一样长。

我看起来像柱子！有2个圆形底面，可以在地面上滚动。

我和金字塔很像。我的顶点尖而锋利。我还有一个平坦的底面。

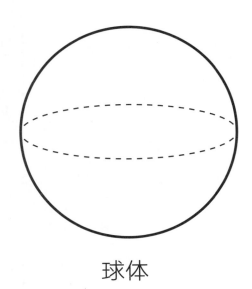

球体

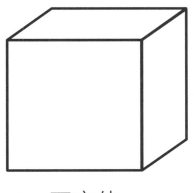

正方体

请在表格里画出下列物体从正面、上面和侧面看到的平面图形。

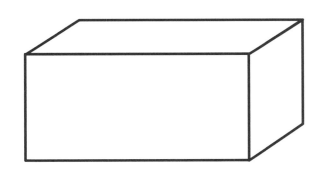

从正面看	从上面看	从侧面看

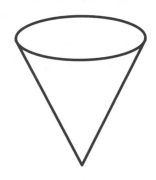

从正面看	从上面看	从侧面看

请圈出不对称的物体。

20

请画出下列物体的对称轴，并在对应的方框中写出对称轴的数量。

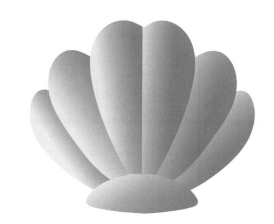

给下面的图形绘制1条对称轴。用字母"A""B"标记每一部分。然后，数一数每部分所占的方格数，并填空。

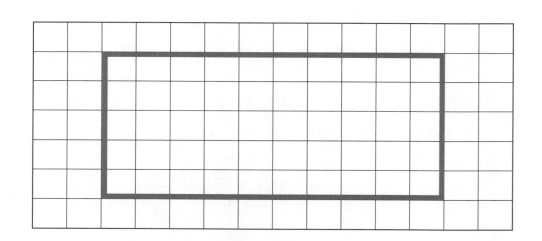

A部分的方格数：_____。   B部分的方格数：_____。

计算。

9×3=

6×0=

7×4=

4×8=

3×5=

6×4=

算一算。

167×2=_____

56×22=_____

190×0=_____

28×20=_____

三年级种了480棵树。五年级和六年级种树的总数量是三年级的10倍。三个年级一共种了多少棵树？

三个年级一共种了＿＿＿＿＿＿棵树。

游乐园上午卖了347张门票，下午卖出的门票是上午的3倍，晚上比下午少卖了29张门票。游乐园当天一共卖了多少张门票？

游乐园当天一共卖了＿＿＿＿＿＿张门票。

食品	数量	价格
大米	10千克/袋	120元
萝卜	200克	6元
土豆	500克	8元
鸡肉	2千克	44元
甜菜根	1千克	7元

彬彬想买1千克萝卜。他需要付多少元？

他需要付_____元。

用"小于"或"大于"填空。

1千克鸡肉的价格＿＿＿＿＿＿＿1千克土豆的价格。

2千克大米的价格＿＿＿＿＿＿＿2千克土豆的价格。

小天每种食物都购买了1千克。他一共花了多少元？

他一共花了＿＿＿＿＿＿＿元。

小珍买了3千克大米和2千克土豆。她一共花了多少元？

她一共花了＿＿＿＿＿＿＿元。

小乔买了3千克萝卜、4千克鸡肉和2千克甜菜根。小乔一共花了多少元?

小乔一共花了＿＿＿＿＿＿＿元。

小梅买了4千克大米、2千克土豆和3千克甜菜根。小梅一共花了多少元?

小梅一共花了＿＿＿＿＿＿＿元。

算一算。

135÷3=_____

260÷4=_____

720÷3=_____

720÷4=_____

列竖式计算。

450÷4=

760÷3=

340÷17=

计算。

99能被3整除吗？请列竖式计算。

89能被4整除吗？请列竖式计算。

请根据餐厅价目表，回答下列问题。

食品	价格
3包薯条	45元
1个芝士汉堡包	56元
1个双层芝士汉堡包	91元
4份沙拉	180元
15份土豆泥	105元

1包薯条的价格是多少？

　　　　　1包薯条的价格是＿＿＿＿＿元。

1份沙拉的价格是多少？

　　　　　1份沙拉的价格是＿＿＿＿＿元。

小梅买了7份土豆泥。她需要付多少元？

　　　　　她需要付＿＿＿＿＿元。

午餐时，小米买了2个芝士汉堡包，小薇买了2个双层芝士汉堡包。小薇付的钱比小米多多少元？

小薇付的钱比小米多＿＿＿＿＿＿元。

小安和家人一起在餐厅吃晚餐时购买了下列食物，小安和家人吃晚餐一共花了多少元？

4包薯条
1个芝士汉堡包
2个双层芝士汉堡包
3份沙拉
3份土豆泥

小安和家人吃晚餐一共花了＿＿＿＿＿＿元。

小安的爸爸带了1000元，付完晚餐的费用之后，他还剩下多少钱？

他还剩下＿＿＿＿＿＿＿元。

第7章　分数

写出分子为5，分母为20的分数。如果需要，请约分至最简分数。

$\dfrac{4}{7}$中，分子为＿＿＿＿＿，分母为＿＿＿＿＿。

请用分数表示下面长方形中涂色的部分。

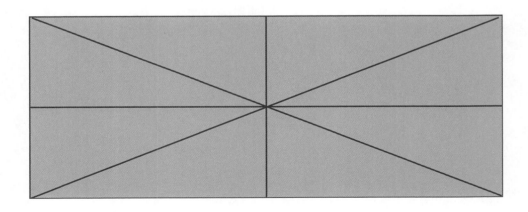

＿＿＿＿＿＿＿＿＿

计算，需要的时候约分至最简分数。

$$\frac{6}{7} - \frac{3}{7} = \underline{\hspace{4cm}}$$

$$\frac{6}{10} - \frac{3}{10} = \underline{\hspace{4cm}}$$

$$\frac{15}{20} - \frac{3}{20} = \underline{\hspace{4cm}}$$

请在下面的方框中写出2个大小相等的分数。

袋子里有20个球。其中 $\frac{9}{10}$ 是蓝色的，剩余的为黄色。黄色的球有多少个？

黄色的球有＿＿＿＿个。

公园里有50棵树。其中 $\frac{9}{10}$ 的树高度都不到2米。有多少棵树的高度超过2米？

有＿＿＿＿棵树的高度超过2米。

小西在一家花店工作，花店里出售3种鲜花：玫瑰、百合和向日葵。鲜花的总数是120朵，其中$\frac{3}{60}$的花是向日葵，$\frac{15}{60}$的花是百合，其余的都是玫瑰。

请把$\frac{3}{60}$约分成最简分数。

请把$\frac{15}{60}$约分成最简分数。

花店里玫瑰的数量是多少？

花店里玫瑰的数量是_____朵。

花店里向日葵的数量是多少？

花店里向日葵的数量是_____朵。

花店里百合的数量是多少？

花店里百合的数量是_____朵。

小西以每朵4元的价格卖掉了所有的百合，以每朵5元的价格卖掉了所有的向日葵，以每朵10元的价格卖掉了所有的玫瑰。她一共卖了多少元？

她一共卖了_____元。

第8章　测量

请圈出可用于计量液体体积的工具。

1L

500mL

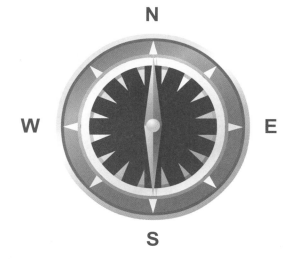

请画掉不能用来计量重量的工具。

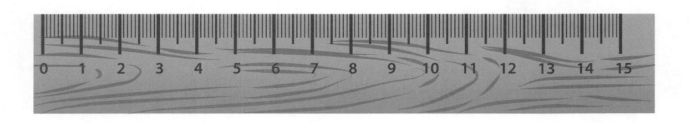

44

请在表述正确的孩子的话下面画线。

将千克转换为克，要乘1000。

我的卷尺长4米。它相当于400厘米长。

我可以用它来测量物体的长度！

将克转换为千克，我们要乘100！

如果我倒了2000升的水到我的水瓶里，就相当于我倒了20毫升到我的水瓶里。

如果我将厘米转换为米，我需要除以100。

小亚从她的卧室步行400厘米到厨房去取牛奶。她的卧室距离厨房多少米?

小亚从厨房拿完牛奶后，又去客厅看电视。如果客厅距离厨房3米，小亚从卧室到客厅一共走了多少米?

请进行单位换算。

6700厘米=＿＿＿＿＿米   4500厘米=＿＿＿＿＿米

3700厘米=＿＿＿＿＿米   8200厘米=＿＿＿＿＿米

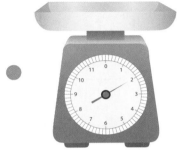

单位：kg

请进行单位换算。

6000克=_____千克

5000克=_____千克

9000克=_____千克

2000克=_____千克

请进行单位换算。

1000mL=_____L

3000mL=_____L

4000mL=_____L

10000mL=_____L

小卡将水倒入下面的烧杯中，等烧杯装满后再将烧杯中的水倒入一个大锅，倒第7次时，只倒了烧杯的一半，大锅被装满。大锅里最多能盛多少水？

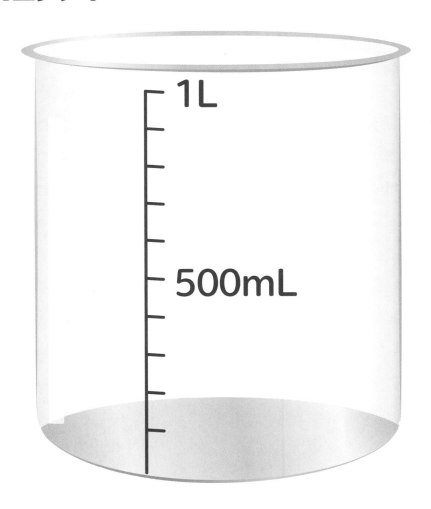

1L

500mL

大锅里最多能盛_____水。

小丽煮了一大锅汤，一共有1530毫升。小丽将汤平均倒入3个碗中分给她的家人。每个家庭成员分到多少毫升汤？

每个家庭成员分到＿＿＿＿＿＿＿＿＿毫升汤。

丹丹买了5只玩偶。前两只每只重300克。第三只重250克。第四只和第五只的重量都是第一只重量的一半。所有玩偶的总重量是多少克？

所有玩偶的总重量是＿＿＿＿＿＿＿＿克。

娜娜买了一些水果。苹果的重量是1千克600克。香蕉的重量是苹果重量的 $\frac{1}{4}$。葡萄的重量是香蕉重量的2倍。水果的总重量是多少？

水果的总重量是＿＿＿＿＿＿＿＿＿＿克。

小丽测量了卧室的长度为6米30厘米，窗户的长度是卧室长度的一半，卫生间的长度和窗户的长度一样。客厅里有6把椅子，每把椅子的长度是70厘米。小丽测量的总长度是多少？

小丽测量的总长度是＿＿＿＿＿＿＿＿＿＿厘米。

读一读，进行单位换算。

星期一，莉莉在学校一共待了450分钟。请将它转换为小时和分钟的形式。

9小时是多少分钟？

菲菲的爸爸每天工作8小时45分钟。菲菲的爸爸每天工作多少分钟？

一年中有30天的月份有哪些?

闰年2月有多少天?

现在是2023年10月12日。一周后是几月几日?

从8月1日到11月30日一共有多少天?请写清楚计算过程。

小达 6 月日程表						
星期一	星期二	星期三	星期四	星期五	星期六	星期日
	1	2 打棒球	3	4	5 跑步	6 打篮球
7	8 打篮球	9	10 跑步	11 跑步	12	13
14 踢足球	15	16 玩游戏	17	18 踢足球	19	20 购物
21	22 捡垃圾	23	24 捡垃圾	25	26	27 准备考试

上面的日程表显示了多少天？

6月4日是星期几？

小达在星期几计划的活动最多？

小达在6月份有多少天计划参加体育运动？

小达6月最常进行的活动是什么？

小达去购物的那天，她买了一包生产日期是当天的草莓牛奶。这包牛奶的保质期是9天。这包牛奶什么时候过期？

日程表中缺了几天。这几天是小达期中考试的日子。请在下面的方框里写出缺少的这几天的日期。

第10章 货币

500元可以买到哪些物品？（　　　　）（多选）

A.售价499元的毛绒玩具。

B.700元的电动玩具汽车。

C.25元的钥匙链。

小丽有100元，由20元、50元的纸币和1元的硬币组成。在下面的方框中写出小丽可能拥有的钱的组合。（写出一种即可）

小山有250元，比小安多50元。他们一共有多少元？

他们一共有_____元。

小翔有350元。他花170元买了一些日用品。他还剩多少元？

他还剩_____元。

娜娜有200元。小丽又给了她300元。然后娜娜花了290元买了一个蛋糕。她还剩多少元？

她还剩_____元。

波波的钱包里有1张100元的纸币、2张10元的纸币和5张5元的纸币。他买了一个70元的笔记本，他还剩下多少元？

他还剩下＿＿＿＿＿＿＿元。

娜娜有80元，大卫有160元。大卫花掉了他一半的钱，而娜娜花光了她所有的钱。他俩现在一共有多少元？

他俩现在一共有＿＿＿＿＿＿＿元。

小凯的钱包里有一些钱。在购买了2份单价18元的三明治后，她还剩下一半的钱。小凯一开始有多少元？

小凯一开始有＿＿＿＿＿＿＿元。

请根据商品价目表，回答下列问题。

商品	价格
玩具机器人	190元
汉堡包	49元
玩具车	110元
运动鞋	390元
鸡肉比萨	130元
网球鞋	450元
玩具遥控飞机	230元

请写出最昂贵和最便宜的商品的名称。

最昂贵的商品：＿＿＿＿＿＿＿

最便宜的商品：＿＿＿＿＿＿＿

小珍有200元。在下面的方框中写出她能买的物品。

（空白方框）

小君有350元。他计划为妹妹买双运动鞋作为生日礼物。他还需要多少元？

他还需要_____元。

小米想买2个玩具机器人、1辆玩具车和1架玩具遥控飞机。如果她一开始有1000元，购买这些玩具后她还剩下多少元？

购买这些玩具后她还剩下＿＿＿＿＿元。

小布想买2个汉堡包和1份鸡肉比萨。如果他有4张50元的纸币，他还需要多少张20元的纸币才能买到他想要的食物？

他还需要＿＿＿＿＿张20元的纸币才能买到他想要的食物。

请在下面的框中写下箭头所指的方向。

北

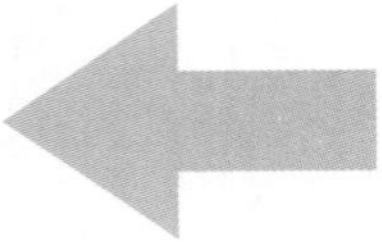

（框）

（框）

（框）

北

桌子在猫的_____边。

球在猫的_____边。

_____在猫的东边。

为了拿到贝壳，猫要向_____移动。

请根据下图回答问题。

北

莎莎

波波

公园

家

莎莎向东走5格，再向南走3格。请画一个圆圈来标记她现在的位置。

莎莎在圆圈标记的位置，如果她想与波波会面，然后一起步行回家，那她必须向西走_____格才能见到波波。

莎莎和波波会面后，决定在回家的路上顺便去趟公园。他们必须向南走_____格，然后再向东走_____格才能到达公园。

莎莎在公园看到了一只松鼠，她追着松鼠先向北走4格，然后向东走3格。请画一个三角来标记莎莎现在的位置。

波波找到了莎莎。现在，他们必须向东走_____格，再向南走_____格才能到家。

请根据下图回答问题。

				北
学校		琳琳的家		小佳的家
	▓		花园	
		购物中心	▓	超市
甜品店	▓		▓	
▓	银行	小佳		面包店

注：阴影区域无法通过。

小佳想要去花园，她需要向_____走_____格，然后再向_____走_____格。

68

琳琳现在在甜品店。如果小佳想见到琳琳，从图中位置出发，请问她要如何走？请把详细路线写在下面的方框中。

琳琳从家里出发，她打算先去学校拿她的作业，再去超市买东西。请问琳琳需要如何走？请把详细路线写在下面的方框中。

小佳从学校回来。爸爸让她先去面包店买些面包，然后回家。
请在下面的表中写下她从学校回到家的路线。

	小佳应该朝哪个方向走？	小佳会经过什么地方？	小佳需要转身吗？如果需要，她应该向哪个方向转？（左/右/不）
1	向南走2格	无	左
2			
3			
4			
5			
6			
7			
8			
9			
10			

数一数，完成下面的表格。

图书种类	图书数量
故事书	
漫画书	
绘本	
小说	

请根据表格，在方框里画出物体。

物体	数量
玻璃球	13
气球	9
花	14

请根据表格回答问题。

食材种类	数量
胡萝卜	
土豆	
西蓝花	
西红柿	
玉米	

74

小丽家里哪种食材最少?

胡萝卜比西红柿多_____个。

小丽的父亲吃了4个西红柿。现在,小丽家里的玉米比西红柿多_____个。

计算表格中每种食材的数量,降序排列它们。

请画一个条形统计图表示表格中的数据。

学生人数

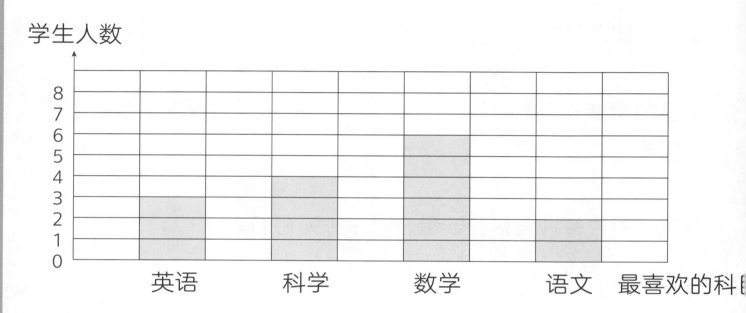

英语　　　科学　　　数学　　　语文　最喜欢的科目

有多少名学生选择科学作为他们最喜欢的科目？

最喜欢哪个科目的学生最多？

喜欢语文的学生比喜欢英语的学生少多少？

请根据表格回答问题。

动物种类	数量
鸡	🐔🐔🐔🐔🐔🐔🐔🐔 🐔🐔🐔🐔🐔🐔🐔🐔
奶牛	🐄🐄🐄🐄🐄
羊	🐑🐑🐑🐑🐑🐑🐑🐑 🐑🐑🐑🐑🐑🐑🐑
马	🐎🐎🐎🐎🐎

注：每个图标代表5只动物。

农场里有多少只鸡？

_____和_____的数量相等。

农场里一共有多少只动物？请写出计算过程。

农场里一共有_____只动物。

根据表格中的信息绘制一个条形统计图。

算一算。

24×4=_____

49×4=_____

104×3=_____

215×4=_____

74×4=_____

列竖式计算。

280÷4=

399÷3=

841÷4=

920÷3=

什么分数的分子是16，分母是40？请把这个分数约分为最简分数。

娜娜有200颗玻璃球。她给了朋友56颗，给了姐姐42颗。娜娜将剩余的玻璃球给了弟弟。她给了弟弟多少颗玻璃球？

请用分数表示娜娜给弟弟的玻璃球占原有玻璃球的几分之几。

请写出三个大小相等的分数。

_____ , _____ , _____

小李

今天我跑到公共汽车站，一共有35米。等于35000厘米！

小杰

我用3000毫升水装满了一口锅。我的锅里有3升水！

娜娜

我的包重5000克。我的书本总重量是1000克。它们的总重量为51千克。

小安

要将千克转换为克，我们必须除以1000。

小福

我在家里找到了一台秤。它可以称出书包的重量！

小宇

为了保持健康，我每天至少喝1000毫升水，也就是10升水！

请在横线上写出表述正确的学生名字。

_____

请找出表述错误的学生，把他们的话中错误的地方修改正确。

表述错误的学生	正确的表述应该是什么

请进行单位换算。

7000克=_____千克

3000克=_____千克

2000毫升=_____升

5000毫升=_____升

请将下列时间转换为分钟。

10小时50分钟=_____分钟

5小时35分钟=_____分钟

7小时35分钟=_____分钟

1小时23分钟=_____分钟

解决下列实际问题。

小文花了3小时45分钟踢足球、1小时55分钟打篮球。小文一共花了多长时间？请写出计算过程。

小文一共花了＿＿＿＿＿＿＿＿＿＿。

星期一，彬彬早上7点45分起床。他花25分钟洗澡和刷牙。然后，他吃早餐花了45分钟。他几点吃完早餐？

他＿＿＿＿＿＿＿＿＿吃完早餐。

小明花2小时45分钟做作业。如果他做了5个不同科目的作业，并且每个科目的作业用的时间相同，那么他每个科目的作业花费多长时间？

他每个科目的作业花费＿＿＿＿＿＿＿＿＿分钟。

小红8：00起床，11：45完成作业。请在下面画两个时钟，显示小红早上起床的时间，以及完成作业的时间。请问小红从早上起床到完成作业，一共经过了多长时间？

一共经过了＿＿＿＿＿＿＿＿＿。

第1章 10000以内的数

请写出下列各数的汉字写法。

8916
八千九百一十六

6789
六千七百八十九

请写出下列各数。

五千八百五十一
5851

三千四百七十七
3477

p.1

填一填。

小薇有5篮种子，每篮有1000粒种子。她一共有多少粒种子？请将答案写在下面的表中。

千位	百位	十位	个位
5	0	0	0

20个一百是多少？请在下面的表中表示这个数。

千位	百位	十位	个位
2	0	0	0

p.2

由6个千、4个百、9个十、3个一组成的数是多少？请在下面的表中表示这个数。

千位	百位	十位	个位
6	4	9	3

想一想，填一填。

小伦在想一个四位数。

十位上的数与猫的腿数相同。
百位上的数比十位上的数少2。
千位上的数比百位上的数少4。
个位上的数比百位上的数多3。

这个四位数是 2649 。

p.3

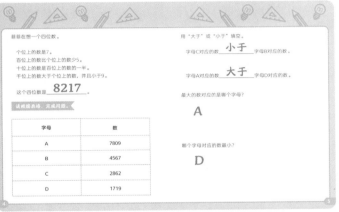

菲菲在想一个四位数。

个位上的数是7。
百位上的数比个位上的数少5。
十位上的数是百位上的数的一半。
千位上的数大于个位上的数，并且小于9。

这个四位数是 8217 。

请根据表格，完成问题。

字母	数
A	7809
B	4567
C	2862
D	1719

用"大于"或"小于"填空。

字母C对应的数 小于 字母B对应的数。

字母A对应的数 大于 字母D对应的数。

最大的对应的是哪个字母？
A

哪个字母对应的数最小？
D

p.4   p.5

第2章 加法

字母B对应的数有多少个千、百、十和一？

千位	百位	十位	个位
4	5	6	7

4个千，5个百，
6个十，7个一。

按升序排列表格中的数，将它们对应的字母写在下方空白处。

D，C，B，A

算一算。

1011+2013= 3024

3023+4015= 7038

1798+1316= 3114

1155+1278= 2433

p.6   p.7

用">"或"<"填空。

1176 < 2167

3456 > 2345

6257 < 7909

1234 > 1178

1234+2345 > 3456

1367+2345 < 1465+2278

解决下列实际问题。

某工厂有4672个零件，又进了1939个。现在工厂有多少个零件？

4672+1939=6611（个）

现在工厂有 6611 个零件。

图书馆里有5367本书。学校又购置了3456本。现在图书馆里有多少本书？

5367+3456=8823（本）

现在图书馆里有 8823 本书。

p.8   p.9

第3章 减法

一架飞机进行特技表演，起飞后距离地面2366米。之后飞机升高了4589米，后来又上升了3007米。飞机现在距离地面多少米？

2366+4589+3007=9962（米）

飞机现在距离地面 9962 米。

水果店里有苹果1278千克，又进了3590千克。因为保存不当，有1045千克烂掉了。水果店现在有多少千克苹果？

1278+3590=4868（千克）
4868-1045=3823（千克）

水果店现在有 3823 千克苹果。

水壶里装有1546毫升橙汁。小丹将10杯橙汁倒入壶中。如果每个杯子含有167毫升橙汁，现在壶中有多少毫升橙汁？

167×10=1670（毫升）
1670+1546=3216（毫升）

现在壶中有 3216 毫升橙汁。

算一算。

185-109= 76

678-189= 489

600-397= 203

1000-989= 11

p.10   p.11

987-365= **622**

789-174= **615**

657-196= **461**

412-256= **156**

876-299= **577**

389-153= **236**

请根据表格，完成问题。

目的地	票价
黄村	567元
红镇	354元
蓝城	1045元

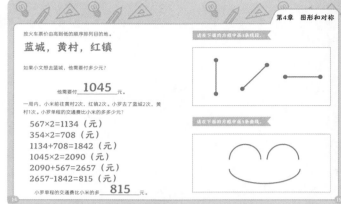

第4章 图形和对称

按火车票价由高到低的顺序排列目的地。

蓝城，黄村，红镇

如果小文想去蓝城，他需要付多少元？

他需要付 **1045** 元。

一周内，小米前往黄村2次，红镇2次。小罗去了蓝城2次，黄村1次。小罗单程的交通费比小米的多多少元？

567×2=1134（元）
354×2=708（元）
1134+708=1842（元）
1045×2=2090（元）
2090+567=2657（元）
2657-1842=815（元）

小罗单程的交通费比小米的多 **815** 元。

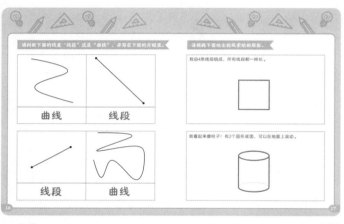

曲线	线段
线段	曲线

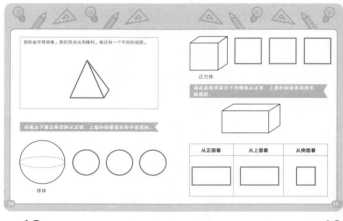

正方体

从正面看	从上面看	从侧面看

球体

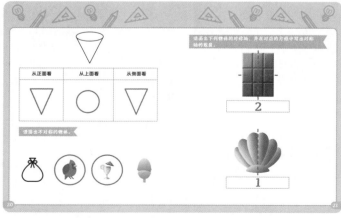

从正面看	从上面看	从侧面看

2

1

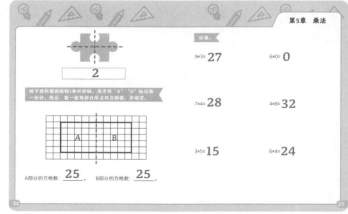

第5章 乘法

计算。

9×3= **27**　　6×0= **0**

2

7×4= **28**　　4×8= **32**

A　　B

3×5= **15**　　6×4= **24**

A部分的方格数：**25**　　B部分的方格数：**25**

p.24

算一算。

167×2= **334**

56×22= **1232**

190×0= **0**

28×20= **560**

p.25

解决下列实际问题。

三年级种了480棵树。五年级和六年级种树的总数量是三年级的10倍。三个年级一共种了多少棵树？

480×10=4800（棵）
4800+480=5280（棵）

三个年级一共种了 **5280** 棵树。

游乐园上午卖了347张门票，下午卖出的门票是上午的3倍。晚上比下午少卖了29张门票。游乐园当天一共卖了多少张门票？

347×3=1041（张）
1041-29=1012（张）
347+1041+1012=2400（张）

游乐园当天一共卖了 **2400** 张门票。

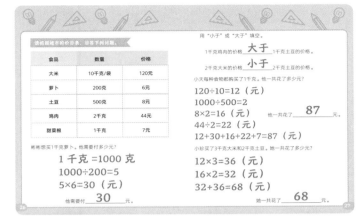

p.26

请根据超市的价目表，回答下列问题。

食品	数量	价格
大米	10千克/袋	120元
萝卜	200克	6元
土豆	500克	8元
鸡肉	2千克	44元
甜菜根	1千克	7元

彬彬想买1千克萝卜。他需要付多少元？

1千克 =1000克
1000÷200=5
5×6=30（元）

他需要付 **30** 元。

p.27

用"小于"或"大于"填空。

1千克鸡肉的价格 **大于** 1千克土豆的价格。

2千克大米的价格 **小于** 2千克土豆的价格。

小天每种食物都购买了1千克。他一共花了多少元？

120÷10=12（元）
1000÷500=2
8×2=16（元）
44÷2=22（元）
12+30+16+22+7=87（元）

他一共花了 **87** 元。

小珍买了3千克大米和2千克土豆。她一共花了多少元？

12×3=36（元）
16×2=32（元）
32+36=68（元）

她一共花了 **68** 元。

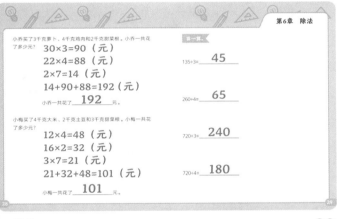

p.28

小乔买了3千克萝卜，4千克鸡肉和2千克甜菜根。小乔一共花了多少元？

30×3=90（元）
22×4=88（元）
2×7=14（元）
14+90+88=192（元）

小乔一共花了 **192** 元。

小梅买了4千克大米，2千克土豆和3千克甜菜根。小梅一共花了多少元？

12×4=48（元）
16×2=32（元）
3×7=21（元）
21+32+48=101（元）

小梅一共花了 **101** 元。

p.29

第6章 除法

算一算。

135÷3= **45**

260÷4= **65**

720÷3= **240**

720÷4= **180**

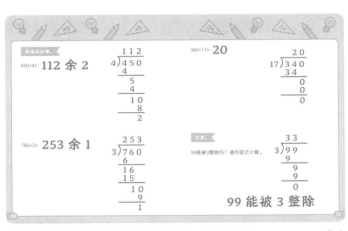

p.30

列竖式计算。

450÷4= **112 余 2**

760÷3= **253 余 1**

p.31

340÷17= **20**

计算。

99能被3整除吗？请列竖式计算。

99 能被 3 整除

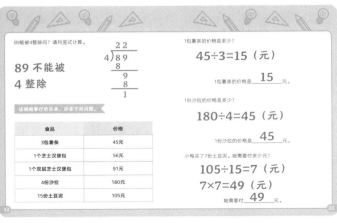

p.32

89能被4整除吗？请列竖式计算。

89 不能被 4 整除

请根据餐厅价目表，回答下列问题。

食品	价格
3包薯条	45元
1个芝士汉堡包	56元
1个双层芝士汉堡包	91元
4份沙拉	180元
15份土豆泥	105元

p.33

1包薯条的价格是多少？

45÷3=15（元）

1包薯条的价格是 **15** 元。

1份沙拉的价格是多少？

180÷4=45（元）

1份沙拉的价格是 **45** 元。

小梅买了7份土豆泥。她需要付多少元？

105÷15=7（元）
7×7=49（元）

她需要付 **49** 元。

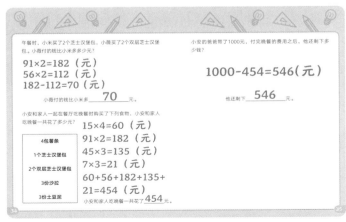

p.34

午餐时，小米买了2个芝士汉堡包，小薇买了2个双层芝士汉堡包。小薇付的钱比小米多多少元？

91×2=182（元）
56×2=112（元）
182-112=70（元）

小薇付的钱比小米多 **70** 元。

小安和家人一起在餐厅吃晚餐时购买了下列食物，小安和家人吃晚餐一共花了多少元？

15×4=60（元）
91×2=182（元）
45×3=135（元）
7×3=21（元）
60+56+182+135+21=454（元）

小安和家人吃晚餐一共花了 **454** 元。

食品	
4包薯条	
1个芝士汉堡包	
1个双层芝士汉堡包	
2个双层芝士汉堡包	
3份沙拉	
3份土豆泥	

p.35

小安的爸爸带了1000元，付完晚餐的费用之后，他还剩下多少钱？

1000-454=546（元）

他还剩下 **546** 元。

p.36

第7章 分数

请回答下列问题。

写出分子为5，分母为20的分数。如果需要，请约分至最简分数。

$$\frac{5}{20} = \frac{1}{4}$$

$\frac{4}{}$中，分子为 **4**，分母为 **7**。

请用分数表示下面长方形中涂色的部分。

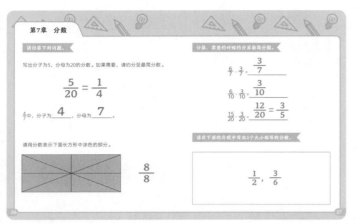

$$\frac{8}{8}$$

p.37

计算。需要约时请约分至最简单分数。

$$\frac{6}{7} - \frac{3}{7} = \frac{3}{7}$$

$$\frac{6}{10} - \frac{3}{10} = \frac{3}{10}$$

$$\frac{15}{20} - \frac{3}{20} = \frac{12}{20} = \frac{3}{5}$$

请在下面的方框中写出2个大小相等的分数。

$$\frac{1}{2}, \quad \frac{3}{6}$$

p.38

解决下列实际问题。

袋子里有20个球。其中有$\frac{9}{10}$是蓝色的，剩余的为黄色。黄色的球有多少个？

$$1 - \frac{9}{10} = \frac{1}{10}$$

$$20 \times \frac{1}{10} = 2 \text{（个）}$$

黄色的球有 **2** 个。

公园里有50棵树。其中有$\frac{9}{10}$的树高度都不到2米。有多少棵树的高度超过2米？

$$1 - \frac{9}{10} = \frac{1}{10}$$

$$50 \times \frac{1}{10} = 5 \text{（棵）}$$

有 **5** 棵树的高度超过2米。

p.39

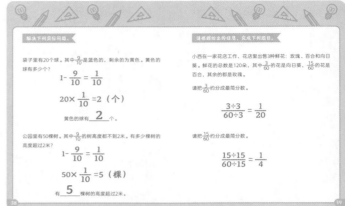

请根据给出的信息，完成下列题目。

小西在一家花店工作。花店里出售3种鲜花：玫瑰、百合和向日葵。鲜花的总数为120朵，其中有$\frac{3}{60}$的花是向日葵，$\frac{15}{60}$的花是百合，其余的都是玫瑰。

请把$\frac{3}{60}$约分成最简分数。

$$\frac{3 \div 3}{60 \div 3} = \frac{1}{20}$$

请把$\frac{15}{60}$约分成最简分数。

$$\frac{15 \div 15}{60 \div 15} = \frac{1}{4}$$

p.40

花店里玫瑰的数量是多少？

$$1 - \frac{3}{60} - \frac{15}{60} = \frac{42}{60}$$

$$120 \times \frac{42}{60} = 84 \text{（朵）}$$

花店里玫瑰的数量是 **84** 朵。

花店里向日葵的数量是多少？

$$120 \times \frac{3}{60} = 6 \text{（朵）}$$

花店里向日葵的数量是 **6** 朵。

p.41

花店里百合的数量是多少？

$$120 \times \frac{15}{60} = 30 \text{（朵）}$$

花店里百合的数量是 **30** 朵。

小西以每朵4元的价格卖掉了所有的百合，以每朵5元的价格卖掉了所有的向日葵，以每朵10元的价格卖掉了所有的玫瑰。她一共卖了多少元？

$$4 \times 30 = 120 \text{（元）}$$
$$5 \times 6 = 30 \text{（元）}$$
$$10 \times 84 = 840 \text{（元）}$$
$$120 + 30 + 840 = 990 \text{（元）}$$

她一共卖了 **990** 元。

p.42

第8章 测量

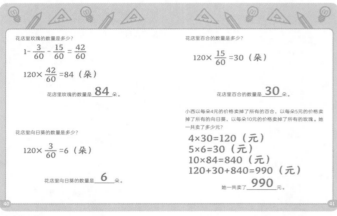

请圈出可用于计算液体体积的工具。

请在可用于测量长度的工具下画线。

p.43

p.44

请框出不能用来计算重量的工具。

请在表述正确的孩子的话下面画线。

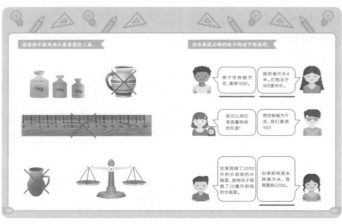

将千克转换为克，要乘1000。

我的卷尺长4米，它相当于400厘米长。

我可以用它来测量物体的长度！

将克转换为千克，我们要乘100！

如果我倒了2000升的水到我的水瓶里，就相当于我倒了20毫升到我的水瓶里。

如果我将米转换为米，我需要除以100。

p.46

请完成下列各题。

小亚从她的卧室步行400厘米到厨房去取牛奶。她的卧室距离厨房多少米？

$$400 \div 100 = 4 \text{（米）}$$

小亚从厨房拿完牛奶后，又去客厅看电视。如果客厅距离厨房3米，小亚从卧室到客厅一共走了多少米？

$$3 + 4 = 7 \text{（米）}$$

请进行单位换算。

6700厘米= **67** 米 　4500厘米= **45** 米

3700厘米= **37** 米 　8200厘米= **82** 米

p.47

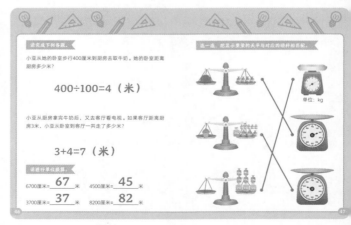

连一连，把显示重量的天平和对应的秤杆相匹配。

单位：kg

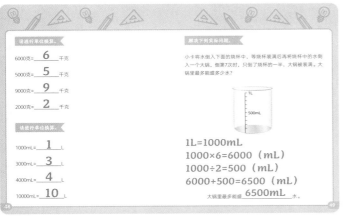

请进行单位换算。

6000克 = **6** 千克
5000克 = **5** 千克
9000克 = **9** 千克
2000克 = **2** 千克

请进行单位换算。

1000mL = **1** L
3000mL = **3** L
4000mL = **4** L
10000mL = **10** L

解决下列实际问题。

小卡将水倒入下面的烧杯中。等烧杯装满后再将烧杯中的水倒入一个大锅。倒第7次时，只倒了烧杯的一半，大锅被倒满。大锅里最多能盛多少水？

1L=1000mL
1000×6=6000（mL）
1000÷2=500（mL）
6000+500=6500（mL）
大锅里最多能盛 **6500mL** 水。

p.48

p.49

小丽煮了一大锅汤，一共有1530毫升。小丽将汤平均倒入3个锅中分给她的家人。每个家庭成员分到多少毫升汤？

1530÷3=510（毫升）

每个家庭成员分到 **510** 毫升汤。

丹丹买了5只玩偶。前两只每只重300克。第三只重250克。第四和第五只的重量都是第一只重量的一半。所有玩偶的总重量是多少克？

300÷2=150（克）
300+300+250+150+150=1150（克）

所有玩偶的总重量是 **1150** 克。

娜娜买了一些水果。苹果的重量是1千克600克。香蕉的重量是苹果重量的 $\frac{1}{4}$ 。葡萄的重量是香蕉重量的2倍。水果的总重量是多少？

1千克600克=1600克
1600× $\frac{1}{4}$ =400（克）
400×2=800（克）
1600+400+800=2800（克）
水果的总重量是 **2800** 克。

小丽测量了卧室的长度为6米30厘米。窗户的长度是卧室长度的一半，卫生间的长度和窗户的长度一样。客厅里有6把椅子，每把椅子的长度是70厘米。小丽测量的总长度是多少？

6米30厘米=630厘米
630÷2=315（厘米）
6×70=420（厘米）
630+315+315+420=1680（厘米）
小丽测量的总长度是 **1680** 厘米。

p.50

p.51

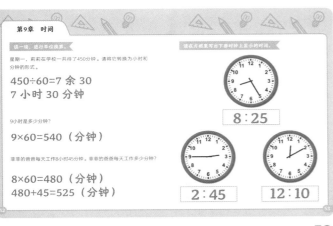

第9章 时间

请一算，进行单位换算。

星期一，莉莉在学校一共待了450分钟。请将它转换为小时和分钟的形式。

450÷60=7 余 30
7 小时 30 分钟

9小时是多少分钟？

9×60=540（分钟）

菲菲的爸爸每天工作8小时45分钟。菲菲的爸爸每天工作多少分钟？

8×60=480（分钟）
480+45=525（分钟）

请在方框里写出下面时钟上显示的时间。

8：25

2：45

12：10

p.52

p.53

回答下列问题。

一年中有30天的月份有哪些？

4月，6月，9月，11月

闰年2月有多少天？

29天

现在是2023年10月12日。一周后是几月几日？

10月19日

从8月1日到11月30日一共有多少天？请写清楚计算过程。

31+30+31+30=122（天）

请根据小达6月日程表回答问题。

小达 6 月日程表

星期一	星期二	星期三	星期四	星期五	星期六	星期日
	1	2 打棒球	3	4	5 跑步	6 打篮球
7	8 打篮球	9	10 跑步	11 跑步	12	13
14 踢足球	15	16 玩游戏	17	18 踢足球	19	20 购物
21	22 捡垃圾	23	24 捡垃圾	25	26	27 准备考试

p.54

p.55

上面的日程表显示了多少天？

27天

6月4日是星期几？

星期五

小达在星期几计划的活动最多？

星期日

小达在6月份有多少天计划参加体育运动？

8天

小达6月最常进行的活动是什么？

跑步

小达去购物的那天，她买了一包生产日期是当天的草莓牛奶。这包牛奶的保质期是9天。这包牛奶什么时候会过期？

20+9=29
6月29日

日程表中缺了几天。这几天是小达中考试的日子。请在下面的方框里写出缺少的这几天的日期。

6月28日
6月29日
6月30日

p.56

p.57

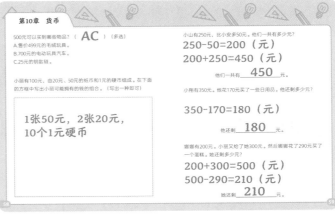

第10章 货币

500元可以买到哪些物品？（ **AC** ）（多选）
A.售价499元的毛玩具。
B.700元的电动玩具汽车。
C.25元的钥匙链。

小明有100元，由20元、50元的纸币和1元的硬币组成。在下面的方框中写出小明可能拥有的钱的组合。（写出一种即可）

1张50元，2张20元，
10个1元硬币

小山有250元，比小安多50元。他们一共有多少元？

250-50=200（元）
200+250=450（元）
他们一共有 **450** 元。

小丽有350元。他花170元买了一些日用品。他还剩多少元？

350-170=180（元）
他还剩 **180** 元。

娜娜有200元。小丽又给了她300元。然后娜娜花了290元买了一个蛋糕。她还剩多少元？

200+300=500（元）
500-290=210（元）
她还剩 **210** 元。

p.58

p.59

p.60

波波的钱包里有1张100元的纸币、2张10元的纸币和5张5元的纸币。他买了一个70元的笔记本。他还剩下多少元?

10×2=20（元），5×5=25（元）
100+20+25=145（元）
145-70=75（元）
他还剩下 **75** 元。

娜娜有80元，大卫有160元。大卫花掉了他一半的钱，而娜娜花光了她所有的钱。他俩现在一共有多少元?

160÷2=80（元）
80-80=0（元）
0+80=80（元）
他俩现在一共有 **80** 元。

小凯的钱包里有一些钱。在购买了2份单价18元的三明治后，她还剩下一半的钱。小凯一开始有多少元?

2×18=36（元）
36×2=72（元）
小凯一开始有 **72** 元。

p.61

请将所有商品价格从低到高排列。

商品	价格
玩具机器人	190元
汉堡包	49元
玩具车	110元
运动鞋	390元
鸡肉比萨	130元
网球鞋	450元
玩具遥控飞机	230元

请写出最昂贵和最便宜的商品的名称。

最昂贵的商品 **网球鞋**
最便宜的商品 **汉堡包**

p.62

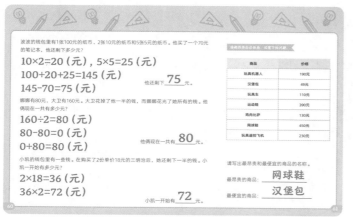

小珍有200元。在下面的方框中写出她能买的物品。

玩具机器人，汉堡包，
玩具车，鸡肉比萨

小君有350元。他计划为妹妹买双运动鞋作为生日礼物。他还需要多少元?

390-350=40（元）

他还需要 **40** 元。

p.63

小米想买2个玩具机器人、1辆玩具车和1架玩具遥控机。如果她一开始有1000元，购买这些玩具后她还剩下多少元?

190×2=380（元）
380+110+230=720（元）
1000-720=280（元）
购买这些玩具后她还剩下 **280** 元。

小布想买2个汉堡包和1份鸡肉比萨。如果他有4张50元的纸币，他还需要多少张20元的纸币才能买到他想要的食物?

49×2=98（元）
98+130=228（元）
4×50=200（元）
228-200=28（元）
28÷20=1 余 8
他还需要 **2** 张20元的纸币才能买到他想要的食物。

p.64

第11章　位置与方向

请在下面的框中写出下箭头所指的方向。

南
东
西
北

p.65

请根据下图回答问题，在横线上填上正确的方向。

桌子在猫的 **西** 边。
球在猫的 **北** 边。
树 在猫的东边。
为了拿到贝壳，猫要向 **南** 移动。

p.66

莎莎向东走5格，再向南走3格。请画一个圆圈来标记她现在的位置。

莎莎在圆圈标记的位置，如果她想与波波会面，然后一起步行回家，那她必须向西走 **5** 格才能见到波波。

莎莎和波波会面后，决定在回家的路上顺便去趟公园。他们必须向南走 **2** 格，然后再向东走 **3** 格才能到达公园。

莎莎在公园看到了一只松鼠，她追着松鼠先向北走4格，然后向东走3格。请画一个三角来标记莎莎现在的位置。

波波找到了莎莎。现在，他们必须向东走 **1** 格，再向南走 **5** 格才能到家。

p.68

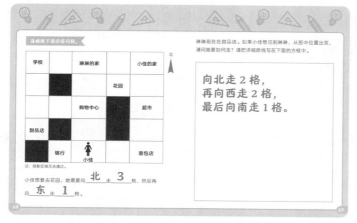

请根据下图回答问题。

注：阴影区域无法通过。

小佳想要去花园，她需要向 **北** 走 **3** 格，然后再向 **东** 走 **1** 格。

p.69

琳琳现在在甜品店。如果小佳想要见到琳琳，从图中位置出发，请问她要如何走?请把详细路线写在下面的方框中。

向北走2格，
再向西走2格，
最后向南走1格。

p.70

琳琳从家里出发，她打算先去学校拿她的作业，再去超市买东西。请问琳琳需要如何走?请把详细路线写在下面的方框中。

先向西走2格，
再向南走2格，
再向东走2格，
再向北走1格，
再向东走2格，
最后向南走1格。

p.71

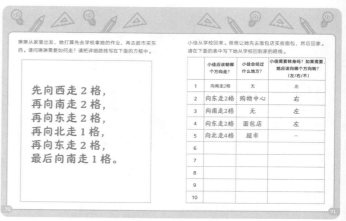

小佳从学校回来。爸爸让她先去面包店买些面包，然后回家。请在下面的表中写下她从学校回到家的路线。

	小佳应该转身朝哪个方向走?	小佳会经过什么地方?	小佳应该转身吗?如果需要，她应该转向哪个方向走?（左/右/不）
1	向南走2格	无	左
2	向东走2格	购物中心	右
3	向南走2格	无	左
4	向东走2格	面包店	左
5	向北走4格	超市	—
6			
7			
8			
9			
10			

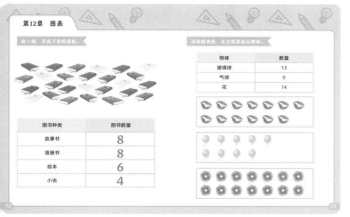

p.72   p.73

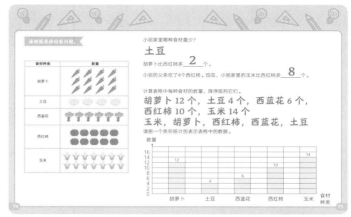

p.74   p.75

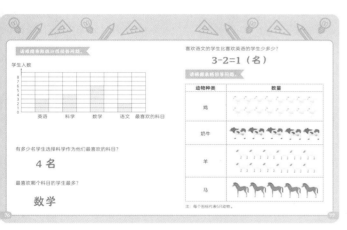

p.76   p.77

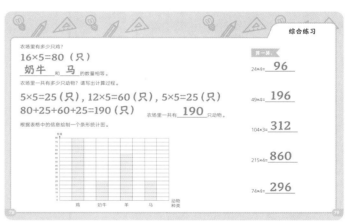

p.78   p.79

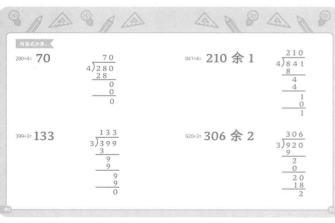

p.80   p.81

p.82   p.83

p.84

读一读，完成下列各题。

小李
今天我跑到公共汽车站，一共有35米。等于35000厘米！

小杰
我用3000毫升水装满了一口锅。我的锅里有3升水！

娜娜
我的书本总重量是1000克。它们的总重量为51千克。

小安
要将千克转换为克，我们必须除以1000。

小福
我在家里找到了一台秤。它可以称出书包的重量！

小宇
为了保持健康，我每天至少喝1000毫升水，也就是10升水！

请在横线上写出表述正确的学生名字。
小杰和小福

p.85

请找出表述错误的学生，把他们的话中错误的地方修改正确。

表述错误的学生	正确的表述应该是什么
小李	3500 厘米
娜娜	6 千克
小安	乘 1000
小宇	1 升水

p.86

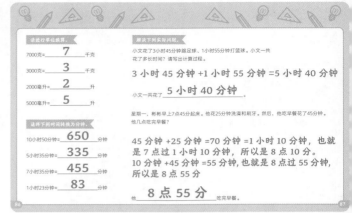

请进行单位换算。
7000克= **7** 千克
3000克= **3** 千克
2000毫升= **2** 升
5000毫升= **5** 升

请将下列时间转换为分钟。
10小时50分钟= **650** 分钟
5小时35分钟= **335** 分钟
7小时35分钟= **455** 分钟
1小时23分钟= **83** 分钟

p.87

解决下列实际问题。

小文花了3小时45分钟踢足球、1小时55分钟打篮球。小文一共花了多长时间？请写出计算过程。

3 小时 45 分钟 +1 小时 55 分钟 =5 小时 40 分钟

小文一共花了 **5 小时 40 分钟**。

星期一，彬彬早上7点45分起床。他花25分钟洗澡和刷牙。然后，他吃早餐花了45分钟。他几点吃完早餐？

45 分钟 +25 分钟 =70 分钟 =1 小时 10 分钟，也就是 7 点过 1 小时 10 分钟，所以是 8 点 10 分。
10 分钟 +45 分钟 =55 分钟，也就是 8 点过 55 分钟，所以是 8 点 55 分

他 **8 点 55 分** 吃完早餐。

p.88

小明花2小时45分钟做作业。如果他做了5个不同科目的作业，并且每个科目的作业用的时间相同，那么他每个科目的作业花费多长时间？

2×60=120（分钟）
120+45=165（分钟）
165÷5=33（分钟）

他每个科目的作业花费 **33** 分钟。

小红8:00起床，11:45完成作业。请在下面两个时钟，显示小红早上起床的时间，以及完成作业的时间。请问小红从早上起床到完成作业，一共经过了多长时间？

一共经过了 **3 小时 45 分钟**。

北京市版权局著作合同登记号：图字01-2022-2060

©2021 Alston Education Pte Ltd
The simplified Chinese translation is published by arrangement with Alston Education Pte Ltd through Rightol Media in Chengdu.
Simplified Chinese Translation Copyright ©2022 by Tianda Culture Holdings (China) Limited.

本书中文简体版权独家授予天大文化控股（中国）股份有限公司

图书在版编目（CIP）数据

新加坡数学开心课堂：提高版．上，专项训练 ／ 新
加坡艾尔斯顿教育出版社主编；（新加坡）李慧恩著；
大眼鸟译. — 北京：台海出版社，2023.10
　书名原文：Happy Maths 4 Test Papers
　ISBN 978-7-5168-3635-4

　Ⅰ．①新… Ⅱ．①新… ②李… ③大… Ⅲ．①数学－
儿童读物 Ⅳ．①O1-49

中国国家版本馆CIP数据核字(2023)第169370号

新加坡数学开心课堂　提高版（上）专项训练

著　　者：新加坡艾尔斯顿教育出版社　主编　　[新加坡]李慧恩　著　　大眼鸟　译

出 版 人：蔡　旭　　　　　　　　　　　　　策划编辑：罗雅琴　　周姗姗
责任编辑：王　萍　　　　　　　　　　　　　美术编辑：李向宇

出版发行：台海出版社
地　　址：北京市东城区景山东街20号　　　　邮政编码：100009
电　　话：010-64041652（发行、邮购）
传　　真：010-84045799（总编室）
网　　址：www.taimeng.org.cn/thcbs/default.htm
E‑mail：thcbs@126.com

经　　销：全国各地新华书店
印　　刷：小森印刷（北京）有限公司
本书如有破损、缺页、装订错误，请与本社联系调换

开　　本：889毫米×1194毫米　　　　　　　1/16
字　　数：30千字　　　　　　　　　　　　　印　　张：6.25
版　　次：2023年10月第1版　　　　　　　　印　　次：2023年10月第1次印刷
书　　号：ISBN 978-7-5168-3635-4

定　　价：158.00元（全4册）

新加坡艾尔斯顿教育出版社　主编　　［新加坡］李慧恩　著

大眼鸟　译

台海出版社

目 录

第1章
100000以内的数

请写出下列各数的汉字写法。

78884

_____

94567

_____

18908

_____

69795

_____

26159

_____

哪个数是由3个万、5个千、6个百、0个十和1个一组成？

请完成下列表格。

84718				
万位	千位	百位	十位	个位

73024				
万位	千位	百位	十位	个位

用“>”“<”或“=”填空。

56890_______56893

99899_______99899

62947_______62912

请按要求写出各数。

将35695四舍五入到十位。

将67784分别四舍五入到百位和千位。

四舍五入到百位：____________

四舍五入到千位：____________

小文正在想一个五位数，请根据下面的描述在横线上写出这个数。

百位上的数是2。

千位上的数是百位上的数和4的乘积。

个位上的数比千位上的数少5。

万位上的数和个位上的数相同。

十位上的数小于百位上的数且大于0。

_____

请降序排列下列各数。

35219　　56789　　34567　　23456　　23465

_____

请找出规律，然后填一填。

57717, _____, 57723, _____, _____, _____

第2章　加法

算一算。

15367+29456=_____

23456+34567=_____

49012+9879=_____

56789+6456=_____

45678+10091 ≈ _____

7844+45310 ≈ _____

96976+874 ≈ _____

10987+52413+29144 ≈ _____

68536+19367+9439 ≈ _____

63255+21321+1256 ≈ _____

地区	人数
蓝土镇	19369
红石镇	23704
青山镇	5107
黄镇	8150
紫镇	1387
棕城	46106
橙村	2375

写出人数最少和人数最多的地区名称。

人数最少：_____　　人数最多：_____

蓝土镇、棕城和青山镇一共住了多少人？

蓝土镇、棕城和青山镇一共住了＿＿＿＿＿＿人。

住在红石镇的人比住在蓝土镇和橙村的人加起来还要多多少？

住在红石镇的人比住在蓝土镇和橙村的人加起来还要多＿＿＿＿＿人。

表格中列出的所有地区一共有多少人居住？

表格中列出的所有地区一共有＿＿＿＿＿人居住。

第3章　减法

算一算。

9601-1601=_____

8789-5671=_____

10000-4567=_____

7889-1234 ≈ _____

1567-949 ≈ _____

5367-2587 ≈ _____

5650–1357 ≈ _____

3579–2468 ≈ _____

5791–4680 ≈ _____

下表显示了从A地飞往各个城市的飞机票价格，请根据表格回答问题。

城市	飞机票价格
甲地	3693 元
乙地	4707 元
丙地	2604 元
丁地	1098 元
戊地	6805 元

去哪个城市的飞机票最便宜？

去哪个城市的飞机票最贵？

小梅前往丙地见她的祖母，从祖母家回来后又去丁地见朋友。
去丙地的飞机票比去丁地的贵了多少元？

去丙地的飞机票比去丁地的贵了_____元。

周六，小米从A地去甲地玩，小宝从A地去乙地玩。小宝比小米
多花了多少元买飞机票？（只考虑单程）

小宝比小米多花了_____元买飞机票。

小雷的父亲经常出差工作。8月，他从A地去了乙地3次，丙地
4次，甲地5次，戊地2次。小雷的父亲8月去这些地方买机票一
共花了多少元？（只考虑单程）

小雷的父亲8月去这些地方买机票一共花了_____元。

小雷的父亲有一张航空公司的会员卡，可以让他享受半价折扣。打完折后他总共要付多少元？

打完折后他总共要付＿＿＿＿＿元。

小珍在假期从A地分别去了甲地和乙地旅游。小强在假期从A地分别去了丙地和丁地旅游。小珍比小强多花了多少元买飞机票？（只考虑单程）

小珍比小强多花了＿＿＿＿＿元买飞机票。

第4章　乘法

算一算。

489×3=_____

113×6=_____

96×7=_____

500×3=_____

330×6=_____

89×7=_____

计算36和37的乘积，先将两个数四舍五入到十位，然后得出估算结果。

计算36和37的乘积。估算结果和实际得数相差多少？

256×15=_____

438×18=_____

321×12=_____

商品	重量
鸡蛋	50克/枚
猕猴桃	90克/个
橙汁	225克/瓶
菠萝	850克/个
鸡	1500克/只
鱼	370克/条

莎莎买了20个菠萝。菠萝的总重量是多少克？

菠萝的总重量是_____克。

小梅买了7盒鸡蛋。每盒包含12枚鸡蛋。她购买的鸡蛋的总重量是多少？

她购买的鸡蛋的总重量是＿＿＿＿＿克。

彬彬买了9瓶橙汁和5个猕猴桃。彬彬购买的物品的总重量是多少？

彬彬购买的物品的总重量是＿＿＿＿＿克。

小罗买了3个菠萝和4条鱼。3个菠萝比4条鱼重多少？

3个菠萝比4条鱼重＿＿＿＿＿＿克。

如果1500克鸡肉的价格为90元，买100克鸡肉需要花多少元？

买100克鸡肉需要花＿＿＿＿＿＿元。

莎莎买了5条鱼、5个菠萝和3只鸡，莎莎购买物品的总重量是多少克？

莎莎购买物品的总重量是＿＿＿＿＿＿克。

第5章　除法

算一算。

99÷9=＿＿＿＿＿

112÷8=＿＿＿＿＿

154÷7=＿＿＿＿＿

解决下列实际问题。

小文有56颗玻璃球。他想把它们平均分到7个袋子里。每个袋子里可以装多少颗玻璃球?

每个袋子里可以装_____颗玻璃球。

甜品店制作了69杯饮料。把它们平均放在8个托盘上。每个托盘上有多少杯饮料？如果有余数请写出来。

每个托盘上有＿＿＿＿＿＿杯饮料，还剩下＿＿＿＿＿＿杯饮料。

甜品店的工作人员准备了71根吸管。她把它们平均装进9个袋子里。每个袋子里有多少根吸管？如果有余数请写出来。

每个袋子里有＿＿＿＿＿＿根吸管，还剩下＿＿＿＿＿＿根吸管。

算一算。

2780÷20=_____

675÷15=_____

3615÷15=_____

4654÷13 ≈ _____

675÷16 ≈ _____

7853÷45 ≈ _____

7090÷56 ≈ _____

6429÷138 ≈ _____

10488÷279 ≈ _____

海豚湾→鹰溪

从海豚湾出发的时间：上午8点半

休息站数：5（不包含起点和终点）

到达鹰溪的时间：下午6点

从海豚湾到鹰溪需要多长时间？

从海豚湾到鹰溪需要＿＿＿＿＿＿＿＿＿＿＿。

如果到每个休息站的时间相等，那么到达第一个休息站之前开了多长时间？

        到达第一个休息站之前开了＿＿＿＿＿＿＿＿＿。

中午12点半，小戴停下来吃午饭。小戴停下来吃午饭之前走了多长时间？

        小戴停下来吃午饭之前走了＿＿＿＿＿＿＿＿＿。

纸杯蛋糕
15元/盒

华夫饼
20元/盒

椰子
20元/个

甜甜圈
9元/个

吃完饭后，小戴去了甜品店，小戴每种食品都购买2份，之后他还剩下169元。他一开始有多少元？

他一开始有＿＿＿＿＿＿＿＿元。

这家甜品店还卖菜单上没有的棉花糖。如果小戴花了382元买了6盒华夫饼、3个甜甜圈、10盒纸杯蛋糕、3个椰子和5个棉花糖，那么1个棉花糖要多少钱？

那么1个棉花糖要_____元钱。

小戴有600元，他买了10盒华夫饼之后，还可以买多少个椰子？

还可以买_____个椰子。

第6章　小数

请将下列小数化成最简分数。

0.85=_____

0.69=_____

用 "<" 或 ">" 填空。

0.74_____0.68   0.39_____0.95

0.60_____0.66   0.81_____0.52

$\dfrac{4}{5}$ = _____

$\dfrac{3}{10}$ = _____

算一算。

57.89+60.11=_____

31.24+62.59=_____

156.78+98.09=_____

73.46−43.48=_____

45.6×7=_____

51.6÷3=_____

根据下列内容回答问题。

运动日

你在等什么？一起运动吧！

爬山
总距离：15.81千米

休息点：2个

游泳
总距离：520米

组队人数：5人

骑自行车
总距离：14.7千米

组队人数：7人

小米报名参加了爬山。如果起点到第一个休息点、第二个休息点到终点以及两个休息点之间的距离相等，那么小米到达第一个休息点之前走了多少米？

小米到达第一个休息点之前走了_____米。

小丹和4个朋友报名游泳。如果他们平均分配总距离，每个人必须游多远？

每个人必须游_____米。

小迪和6个朋友组成了一个自行车队。他们平均分配总距离。但运动日那天，有两个朋友病倒了。小迪把分配给这两个朋友的距离也骑完了。小迪一共骑了多远的距离？

小迪一共骑了＿＿＿＿＿＿米。

安安和4个朋友一起参加了游泳项目，和6个朋友一起参加了自行车项目。安安和朋友们参加的这两个项目的总距离是多少米？

安安和朋友们参加的这两个项目的总距离是＿＿＿＿＿米。

第7章　分数

小麦和5个朋友一起平均分7个比萨。

每个人会得到多少比萨？请写成假分数。

请把上一题中得到的答案写成带分数。

请在方框中标出下列分数是带分数还是假分数。

$\frac{7}{3}$	
$3\frac{8}{9}$	
$\frac{17}{16}$	

请圈出分母相同的分数组，画掉分子相同的分数组。

$\dfrac{7}{3} + \dfrac{7}{6}$

$\dfrac{9}{8} + \dfrac{9}{4}$

$\dfrac{6}{7} + \dfrac{3}{7}$

$\dfrac{8}{9} + \dfrac{4}{9}$

$\dfrac{11}{10}$ 和 $\dfrac{11}{4}$

$\dfrac{5}{6} + \dfrac{9}{6}$

计算下列分数加减法。

$\dfrac{7}{19} + \dfrac{3}{19} = $ _____

$\dfrac{8}{21} + \dfrac{2}{3} = $ _____

$\dfrac{60}{75} - \dfrac{10}{15} =$ _____

$\dfrac{24}{28} - \dfrac{2}{7} =$ _____

$\dfrac{4}{20} + \dfrac{3}{4} =$ _____

用 ">" "<" 或 "=" 填空。

$\dfrac{3}{4}$ _____ $\dfrac{6}{8}$ $\dfrac{1}{2}$ _____ $\dfrac{4}{5}$

$\dfrac{5}{7}$ _____ $\dfrac{5}{9}$ $\dfrac{4}{11}$ _____ $\dfrac{5}{8}$

$\dfrac{4}{13}$ _____ $\dfrac{9}{13}$ $\dfrac{5}{6}$ _____ $\dfrac{9}{12}$

小黄有5根巧克力棒。他第一天吃 $\frac{1}{5}$ 根，第二天吃 $\frac{9}{5}$ 根。小黄还剩下多少根巧克力棒？

小黄还剩下＿＿＿＿＿根巧克力棒。

菲菲烤了15个馅饼。小东吃了4个，贝贝吃了6个。剩下的馅饼数量占馅饼总数的几分之几？

剩下的馅饼数量占馅饼总数的＿＿＿＿＿。

小西在一家宠物店工作，宠物店里各种宠物的数量如下：

$\frac{5}{15}$的宠物是仓鼠。兔子比仓鼠多55只。剩下的宠物数量的$\frac{1}{2}$是鱼，其余的宠物都是猫。如果这家店里一共有465只宠物，请算出每种宠物的数量。

请写出最适合以下场景的计量单位。

小马参加了马拉松比赛。他一共跑了21_____。

吉吉给她的水瓶装满水。她的水瓶的容量是800_____。

小曼的书包里有课本、铅笔盒和钱包。她的书包重2_____。

汤汤和他姐姐一起测量身高。汤汤身高是1.3_____，他姐姐的身高是150_____。

可可煮了一大锅汤。她的汤是3_____。她把空的汤锅放在秤上，汤锅重750_____。

请完成下列表格。

厘米	米	千米
83663		
	6005	
		9.72
	21900	
		0.04

克	千克
50	
	43
329	
	0.31
	56.72

升	毫升
40.02	
3.66	
	92123
	56.72

阿曼的宠物猫重2.5千克。她的宠物兔子和宠物猫一样重。阿曼还有4只体重相同的鸭子。每只鸭子比兔子轻1.34千克。请算出阿曼所有宠物的总重量。用千克和克的形式表示。

阿曼所有宠物的总重量为＿＿＿＿＿＿＿＿＿＿＿＿。

菲菲从家步行6.3千米到学校。放学后，菲菲又去了游泳馆，然后回到学校看她的老师。之后她踏上了回家的路。如果菲菲从学校到游泳馆的距离和她从家到学校的距离相等，菲菲走过的总距离是多少？

菲菲走过的总距离是＿＿＿＿＿＿＿＿＿。

小琳买了奶茶、苹果汁、橙汁、柠檬水四种饮料。奶茶的容量是苹果汁容量的 $\frac{1}{2}$。苹果汁的容量等于橙汁的容量。橙汁的容量是柠檬水容量的3倍。如果柠檬水的容量是2.4L，求所有饮料的总容量。用L和mL的形式表示。

所有饮料的总容量是＿＿＿＿＿＿＿＿＿。

小葵的床宽1.7m，长2.3m。桌子的宽度比床的宽度短1.2m，而桌子长度比床的长度短1.7m。求床和桌子的总面积。

床和桌子的总面积是＿＿＿＿＿＿＿＿＿＿。

求下列图形的面积。

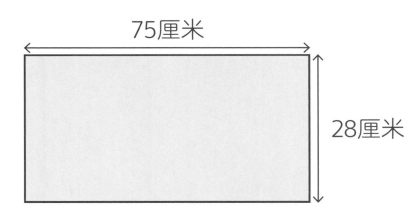

75厘米

28厘米

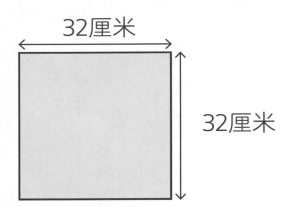

32厘米

32厘米

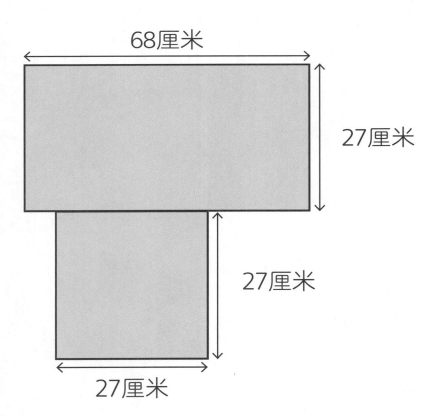

68厘米

27厘米

27厘米

27厘米

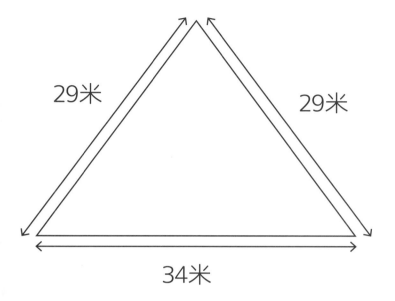

29米　29米

34米

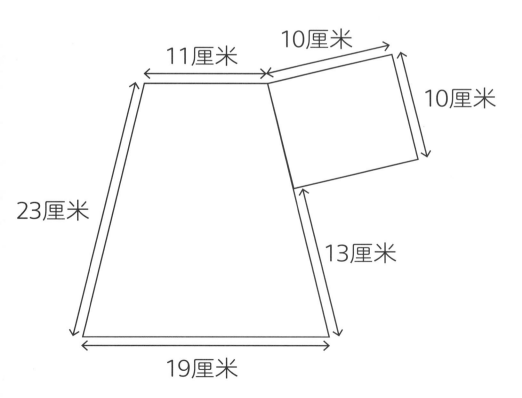

11厘米　10厘米

10厘米

23厘米

13厘米

19厘米

求下列图形的面积。

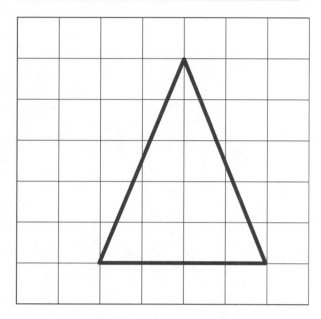

注：每个方格边长都是1厘米。

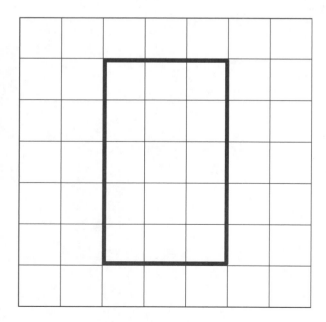

注：每个方格边长都是1厘米。

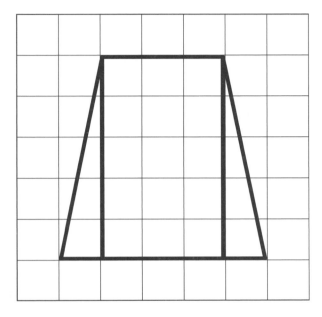

注：每个方格边长都是1厘米。

第9章　比例尺

请画掉太大无法按实际尺寸在A4纸上画出来的物体。

小杰在纸上画了一只身长10厘米的熊。如果熊的实际身长是1.5米，求小杰画图的比例尺。

小杰画图的比例尺是＿＿＿＿＿＿＿＿＿。

小布有一个高度为0.8米的花瓶。她用1∶5的比例在纸上画出了这个花瓶。小布在纸上画出的花瓶的高度是多少？

小布在纸上画出的花瓶的高度是＿＿＿＿＿＿＿＿＿。

公园里的雕像高2.17米。如果小丽用1:7的比例在她的速写本上画出雕像，她画出的雕像的高度是多少？

她画出的雕像的高度是＿＿＿＿＿＿＿＿＿＿。

请在方框里写出按照给出的比例尺绘制的图像的长和高。

1：100

1.6米

0.8米

2：10

8厘米

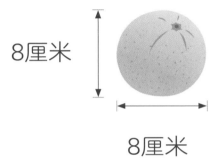

8厘米

5：25

135厘米

125厘米

57

1 ：10

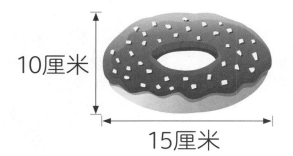

10厘米

15厘米

4 ：28

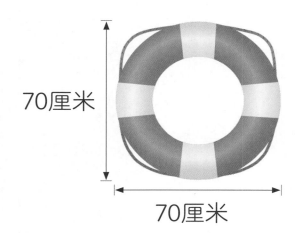

70厘米

70厘米

请用24时计时法表示下列时间。

彬彬的钢琴课每周二下午6：30开始。

周六晚上10点37分，小莉回到家。

小雷每周日下午2：45和晚上8：49观看她最喜欢的电视节目。

请用24时计时法表示下面时钟上显示的下午和晚上的时间。

_____

_____

小东下午4点15分开始做作业。1小时36分钟后，他完成了作业。小东几点做完了作业？（请用24时计时法表示）

小东＿＿＿＿＿＿＿＿＿做完了作业。

小西有2小时30分钟的空闲时间。她花了1小时19分钟拉小提琴。小西还剩下多少空闲时间？

小西还剩下＿＿＿＿＿＿＿＿＿的空闲时间。

小北每天有4小时19分钟的空闲时间。他一周有多少空闲时间？

他一周有＿＿＿＿＿＿＿＿＿＿＿＿的空闲时间。

莉莉有6小时33分钟的时间做作业。如果她想做完3个不同科目的作业，且每个科目的作业需要的时间相同。每个科目她要做多长时间？

每个科目她要做＿＿＿＿＿＿＿＿＿＿＿。

小朱在下午1点57分上了一列火车。如果到第一个城镇需要4小时45分钟，从第一个城镇到第二个城镇需要2小时38分钟，那么小朱什么时间到达第二个城镇？（请用24时计时法表示）

小朱_____到达第二个城镇。

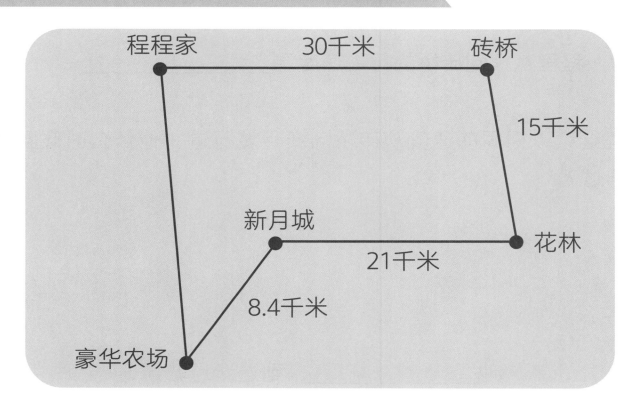

如果程程在上午10：15离开家，需要2小时30分钟才能到达砖桥，程程几点到达砖桥？

　　　　　程程＿＿＿＿＿＿＿＿＿＿到达砖桥。

已知速度等于路程除以时间，程程家到砖桥的路程是30千米，程程从家到砖桥的行进速度是多少？

　　　　　程程从家到砖桥的行进速度是＿＿＿＿＿＿＿＿＿＿。

程程继续以相同的速度从砖桥向新月城行进。他什么时候到达新月城？

　　　　　他＿＿＿＿＿＿＿＿＿到达新月城。

程程在新月城休息了1小时24分钟。然后，他继续以相同的速度前往豪华农场。程程什么时候到达豪华农场？

程程_____到达豪华农场。

如果程程的行进速度不变，程程在晚上8：12回到家，那么豪华农场和程程家之间的距离是多少？

豪华农场和程程家之间的距离是_____。

第11章　货币

3元=＿＿＿＿＿分

5角9分=＿＿＿＿＿分

78分=＿＿＿＿＿角＿＿＿＿＿分

解决下列实际问题。

小伟有50元。它们都是面额为5分的硬币。小伟有多少个5分硬币？

小伟有＿＿＿＿＿个5分硬币。

菲菲有54.24元。小珍有2026分。菲菲的钱比小珍的多多少？

菲菲的钱比小珍的多_____元_____角_____分。

小丹有99.57元。他买零食花了5679分。小丹还剩多少元？

小丹还剩_____元。

59.22元+2.79元=_____元

67.82元+1780分=_____元

7912分+10.15元=_____元

105.12元+5.22元=_____元

56.78元+1470分=_____元

10926分+2345分=_____元

探索奇迹世界主题公园！在这里你可以体验激动人心的活动！还在等什么，和你的朋友一起来玩吧！

水族馆：
20.5元/人

飞镖投掷：
5.75元/次

狂野动物园探险：
25.2元/人/小时

和平公园精彩之旅：
86.35元/人

水上滑梯：
15.8元/人

小瑞、彬彬和丽丽一起去玩水上滑梯。他们一共付了多少元?

他们一共付了＿＿＿＿＿＿元。

小薇和小山一起去狂野动物园探险。小薇在动物园待了3个小时,小山在动物园待了5个小时。他们俩谁付的钱更多,多多少元?

他们俩＿＿＿＿＿＿付的钱更多,多＿＿＿＿＿＿元。

小丹和小成在学校放假期间去了奇迹世界主题公园。他们先投了10次飞镖。随后,参加了和平公园精彩之旅。最后,他们去了水族馆。小丹和小成一共花了多少元?

小丹和小成一共花了＿＿＿＿＿＿元。

请完成下列表格。

编号	图形	平面还是立体?	名称
1			
2			
3			
4			
5			

请画出长方体的平面展开图。

请画出圆柱的平面展开图。

请画出三棱锥的平面展开图。

填空。

物体的名称：_____

这个物体是平面图形还是立体图形？_____

请画出两种四边形，并写出它们的名称。

四边形	名称

看图回答问题。

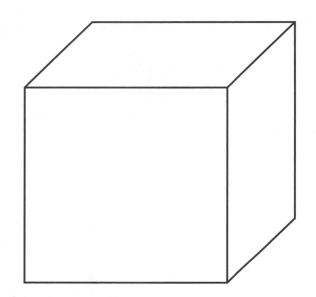

· 这个图形是_____。

· 面的形状为_____。

· 面的个数为_____。

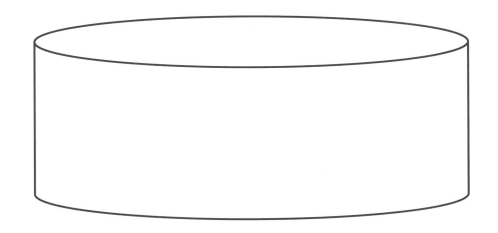

· 这个图形是_____。

· 面的形状为_____。

· 面的个数为_____。

下面的图形边长均为7厘米。求图形的表面积。

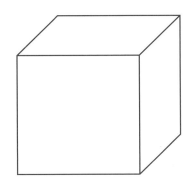

图形的表面积为_____。

下面的图形长宽高如图所示，求图形的表面积。

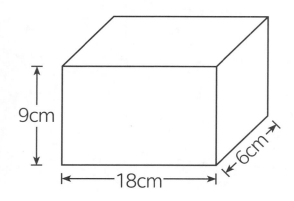

图形的表面积为＿＿＿＿＿＿＿＿＿。

下图为一个开口朝上的无盖的水槽，请求出水槽的表面积。

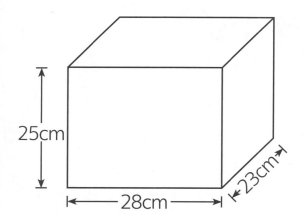

水槽的表面积为＿＿＿＿＿＿＿＿＿。

判断对错，在括号中打"√"或"×"。

· 2个点相交时形成一个角。（　　　　）

· 锐角是大于直角的角。（　　　　）

· 平角的度数是180°。（　　　）

· 有公共端点的两条射线组成的图形叫作角。（　　　　）

下面的角是钝角、直角还是锐角，请在方框里写出来。

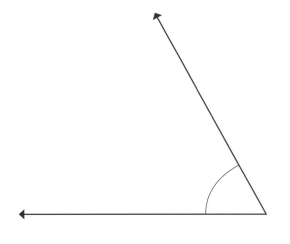

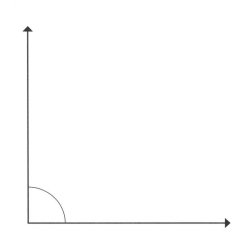

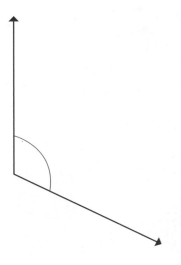

请写出组成角的射线，并判断角是锐角、直角还是钝角。

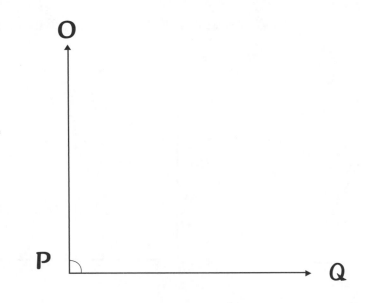

射线_____和_____

角的类型：_____

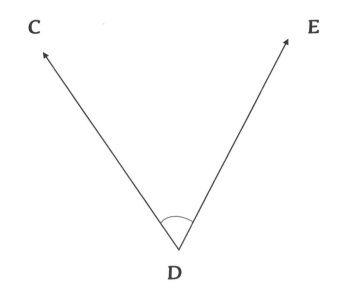

射线_____和_____

角的类型：_____

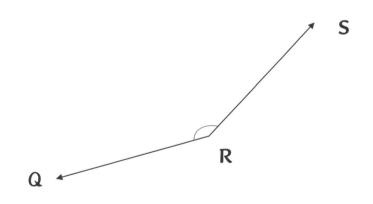

射线_____和_____

角的类型：_____

∠DEF是钝角。以下哪项陈述是正确的？（　　　　　）（多选）

A. ∠DEF大于90°。

B. ∠FED是直角。

C. ∠DEF比平角小。

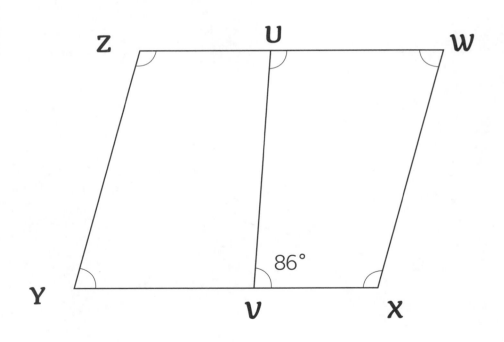

四边形ZWXY的内角和是多少？

写出你在图中能找到的所有锐角。

YVX是一条直线。求∠YVU的度数。

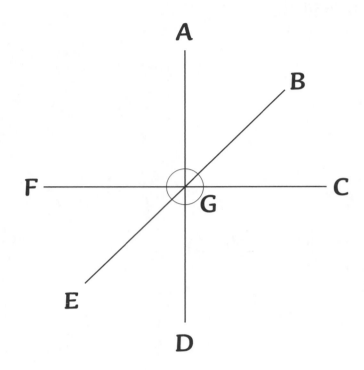

请找出图中任意3个角。

使用量角器测量下面的角。

∠AGB: _____

∠EGF: _____

∠CGD: _____

∠AGE: _____

第14章 位置与方向

请在正确的位置填空。

在指南针的北边有一只老鼠。

指南针西南方向有一个男孩。

指南针东北方向有一只猫。

鸟在指南针南边的巢穴中。

松鼠在指南针的东边。

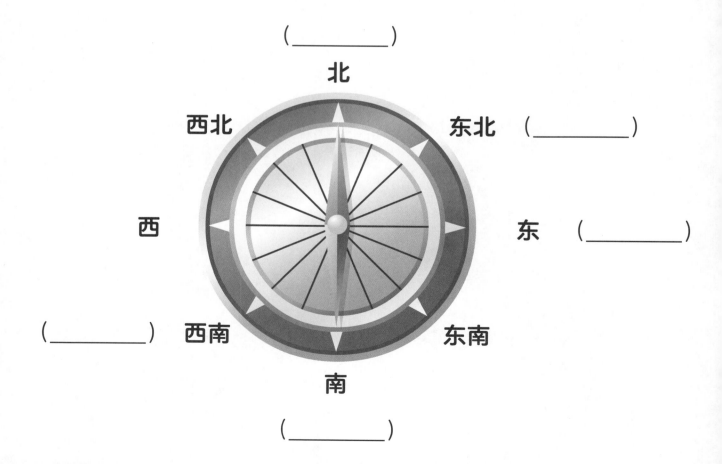

(_____)

北

西北   东北 (_____)

西   东 (_____)

(_____) 西南   东南

南

(_____)

请根据下图的位置填空。

北

・乌龟在猫的_____方。

・老鼠在男孩的_____方。

・_____在兔子的东南方。

・在猫西边的2只动物是_____和_____。

・老鼠东南方的2只动物是_____和_____。

下图是娜娜玩游戏时手柄上的数字所指的方向，请完成方向标记。5号在中间。

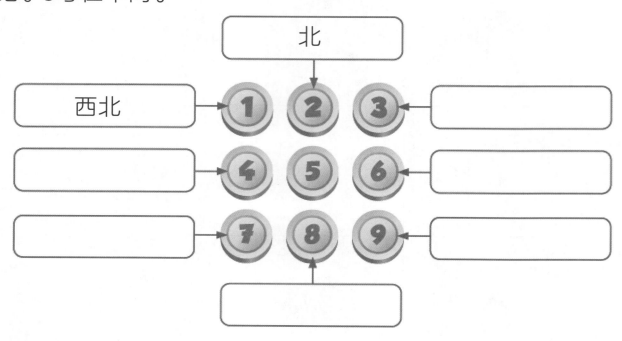

游戏规则：

①通过按手柄上的数字键来实现方向移动，每按一次只能移动一格。

②游戏角色骑士可以向任意方向移动。

③玩家需要通过至少2个怪物（地精、巨魔、蛇、老虎、老鼠、蜘蛛）所在的方格，才可以通过楼梯进入下一关。

④游戏角色骑士的原始生命值为10，每次经过怪物所在的方格，都会消耗对应的生命值。

一旦骑士的生命值达到0，游戏就会结束。

⑤没有怪物的方格可以直接经过，不会消耗生命值。

骑士 生命值: 10	地精 生命值: 1		巨魔 生命值: 4
	蛇 生命值: 3	蛇 生命值: 3	
			老虎 生命值: 6
老鼠 生命值: 2		蜘蛛 生命值: 5	楼梯

请完成下列表格，写出两种娜娜可以进入下一关的路线。

	第一步	第二步	第三步	第四步	第五步	第六步
数字						
方向						
是否遇到怪物						
是否消耗生命值						
消耗的生命值						
剩余生命值						

	第一步	第二步	第三步	第四步	第五步	第六步
数字						
方向						
是否遇到怪物						
是否消耗生命值						
消耗的生命值						
剩余生命值						

小雷也玩了这个游戏。他将骑士向东移动2步，向南移动2步，向东南移动1步到达楼梯。请在游戏地图上画箭头表示小雷所走的路线，再完成下面的表格。

在手柄上 按下的数字	
骑士每一步 剩余生命值	

如果玩家在5步内完成了关卡，将被提升为黄金会员。小雷是否能获得黄金会员？

怎样引导骑士到达楼梯，才能成为黄金会员？填一填。

在手柄上 按下的数字	
骑士每一步 剩余生命值	

如果骑士只能在基本方向上移动，进入下一关移动的最少步数是多少？

第15章　图表

根据下面的图表回答问题。

喜欢吃的食物	学生数量
饼干	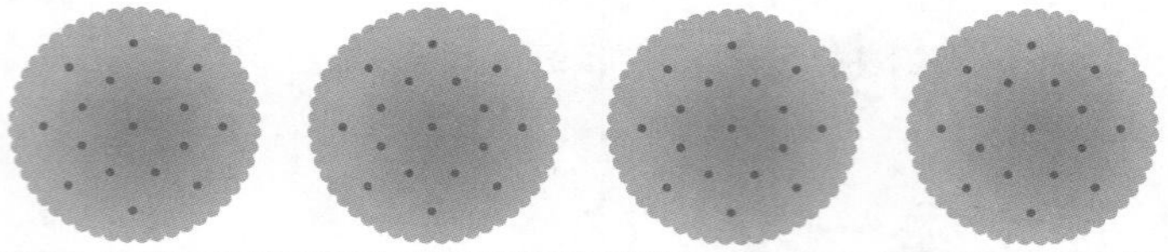
甜甜圈	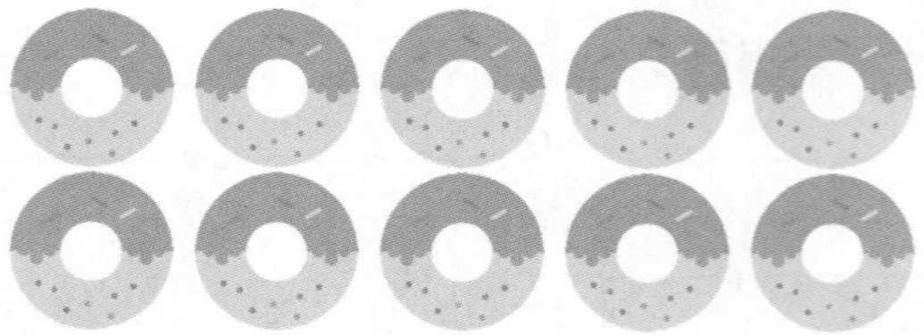
纸杯蛋糕	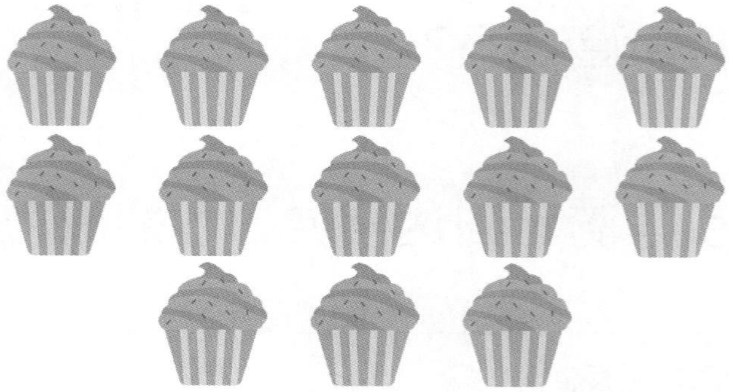
比萨	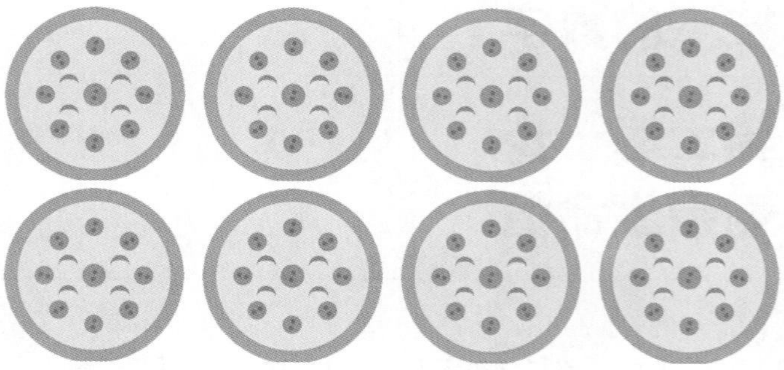

注：上面的图表显示了某班学生们喜欢吃的食物情况，每个图示代表4个学生。

有多少名学生喜欢吃饼干？

有＿＿＿＿＿＿名学生喜欢吃饼干。

有多少名学生喜欢吃纸杯蛋糕？

有＿＿＿＿＿＿名学生喜欢吃纸杯蛋糕。

如果每个学生只能选择一种喜欢吃的食物，班级里所有学生都参加了调查，则该班一共有多少名学生？

该班一共有＿＿＿＿＿名学生。

根据第92页的图表，画一个条形统计图。

根据下面的图表回答问题，它显示了小米班上的同学喜欢的运动情况。

喜欢的运动	学生人数
足球	卌 卌 丨
篮球	卌 卌 卌 卌
游泳	卌 丨丨丨丨
乒乓球	卌 卌 丨丨丨
羽毛球	

喜欢篮球的学生比喜欢足球的学生多多少名？

喜欢游泳的学生比喜欢乒乓球的学生少多少名？

喜欢篮球、乒乓球和足球的学生一共有多少名？

喜欢羽毛球的学生比喜欢足球的学生多4名。请把上面的图表补充完整。

下表是小朱放暑假期间星期一到星期五的时间表，请根据时间表回答问题。

时间	星期一	星期二	星期三	星期四	星期五
9：00—10：00	慢跑	慢跑	看画展	读书	写作业
10：00—11：00	写作业	去水族馆	去购物	写作业	去博物馆
11：00—12：00	游泳课	写作业	写作业	打篮球	去购物
12：00—13：00	午休	午休	午休	午休	午休
13：00—14：00	写作业	读书	写作业	写作业	读书
14：00—15：00	读书	写作业	踢足球	踢足球	游泳课
15：00—16：00	写作业	游泳课	读书	去水族馆	写作业
16：00—17：00	看电视	看电视	看电视	看电影	看电影
17：00—18：00	晚餐时间	晚餐时间	晚餐时间	晚餐时间	晚餐时间

小朱这一周一共花了多少时间来写作业?

　　　　　小朱这一周一共花了_____来写作业。

小朱这一周一共花了多少时间看电视、电影和读书?

　　　　小朱这一周一共花了_____看电视、电影和读书。

请找出这一周内小朱做得最多的活动和小朱做得最少的活动,以及他一共花了多少时间做这些活动。

小朱这一周内花了多长时间做运动？

小朱这一周内花了＿＿＿＿＿＿＿做运动。

小朱这一周内午休和晚餐一共花了多长时间？

一共花了＿＿＿＿＿＿。

综合练习

将下面的小数转换为分数，并把分数化为最简分数。

0.75=_____

1.36=_____

3.90=_____

将下面的分数转换为小数。

$\dfrac{4}{5}$ = _____

$\dfrac{2}{20}$ = _____

$\dfrac{12}{8}$ = _____

完成下列问题。

求0.38和1.42的和。然后把结果转换为最简分数。

波波睡了459分钟。如果他在上午10点47分入睡，他几点起床的？

小杰的铅笔盒长34厘米，宽11厘米。他把铅笔盒画在纸上，长度为8.5厘米。小杰画出的铅笔盒的长度和铅笔盒实际长度的比是多少？

　小杰画出的铅笔的长度和铅笔盒实际长度的比是＿＿＿＿＿＿。

小杰在纸上画了他的水瓶，画的水瓶的高度和水瓶实际高度的比是1：5。如果他画的水瓶高度是7.5厘米，请计算他的水瓶的实际高度。

　　他的水瓶的实际高度是＿＿＿＿＿。

小刚测量了门口花瓶的高度为58厘米，花瓶的宽度是它高度的 $\frac{1}{4}$。花瓶的宽度是多少？结果请用带分数形式表示。

花瓶的宽度是＿＿＿＿＿＿。

小明把一根树干画在本子上，比例尺是1：80。树干的长度和宽度分别为3.7米和0.8米，绘制的树干的长和宽分别是多少？

绘制的树干的长和宽分别是＿＿＿＿＿＿。

莎莎有4个1元和9个1角。莎莎的钱换算成角是多少角?

莎莎的钱换算成角是_____角。

珠珠有75.95元,花花有217分。珠珠比花花多了多少元?

珠珠比花花多了_____元。

小舒有1张10元纸币和89个1分的硬币。大卫比小舒多出了7元和40分。大卫和小舒一共有多少元?

大卫和小舒一共有_____元。

小华有20元，其中有10个1元硬币、7个5角硬币、14个5分硬币，其余的是1角硬币。小华有多少个1角硬币？

小华有＿＿＿＿＿个1角硬币。

周六，小雷慢跑了4.96千米。周日，他慢跑的距离是周六的2倍。周一，他慢跑的距离是周六慢跑距离的$\frac{1}{4}$。他一共慢跑了多少距离？

他一共慢跑了＿＿＿＿＿千米。

甲乙两地之间的距离是40.5千米。乙地到丙地之间的距离是甲地到乙地距离的 $\frac{2}{3}$。丙地到丁地之间的距离比甲地到乙地之间的距离多了5.6千米。丁地到甲地之间的距离是甲地到乙地之间距离的 $\frac{2}{5}$。小丹从甲地出发先到乙地，再到丙地，再到丁地，最后回到甲地，一共走了多少千米？

一共走了＿＿＿＿＿＿千米。

下表显示了一些正在出售的家具类型及其价格。请根据表格回答问题。

家具	价格
桌子	590元
椅子	335元
床	3787元

一张桌子和一张床的总价格是多少？

　　一张桌子和一张床的总价格是＿＿＿＿＿＿元。

曼曼有9710元。她买了两把椅子和一张床后还剩下多少元？

　　曼曼还剩下＿＿＿＿＿＿元。

请根据下图回答问题。

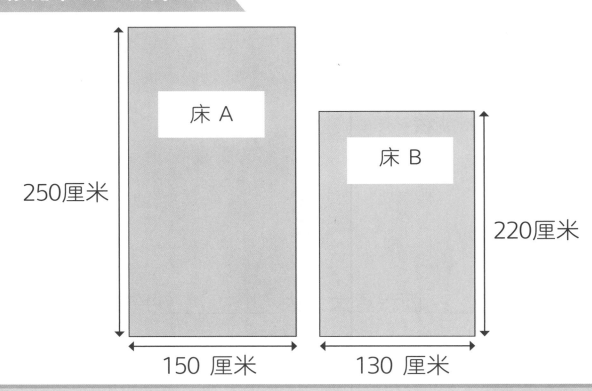

床 A

250厘米

150 厘米

床 B

220厘米

130 厘米

如图所示，求两张床的总周长。

两张床的总周长是＿＿＿＿＿厘米。

求床A和B的面积。哪张床的面积更大，大多少？

＿＿＿＿＿面积更大，大＿＿＿＿＿平方厘米。

周末莉莉早上9点15分起床。上午10点47分，她整理完毕，离开家和朋友一起去购物。莉莉整理用了多长时间？

莉莉整理用了＿＿＿＿＿＿＿＿＿＿＿＿＿＿＿＿。

莉莉下午2点27分买完东西，莉莉用了多长时间购物？转换成分钟。

莉莉用了＿＿＿＿＿＿＿＿＿＿＿＿＿分钟购物。

莉莉在购物中心花了45分钟吃了个午餐，然后回家。从购物中心到莉莉家需要花费1小时39分钟，莉莉下午几点到家的？

　　　　　　　　莉莉下午＿＿＿＿＿＿＿＿到家的。

回到家后，莉莉看了她最喜欢的电视节目。她看电视花费的时间是她吃午餐的3倍。莉莉下午什么时候看完电视节目的？

　　　　　　　　莉莉下午＿＿＿＿＿＿＿＿看完电视节目的。

解决下列实际问题。

小艾、贝贝、乐乐和小丹一起去主题公园玩。他们每个人带的钱数量不同。乐乐带了570元到主题公园，一天结束时还剩下20元。小艾花的钱是乐乐的 $\frac{2}{5}$，一天结束时还剩下93元。贝贝花的钱是小艾的2倍，最后还剩127元。小丹花费的金额是贝贝和小艾花费的金额的和。他剩下的钱是乐乐带到公园的总金额的 $\frac{1}{10}$。小艾、贝贝和小丹分别带了多少元到主题公园？

小艾、贝贝和小丹分别带了＿＿＿＿＿＿、＿＿＿＿＿＿、＿＿＿＿＿＿到主题公园。

小艾、贝贝、乐乐和小丹一共花了多少元？

小艾、贝贝、乐乐和小丹一共花了＿＿＿＿＿＿＿元。

小艾、贝贝、乐乐和小丹花费的总金额占他们带到主题公园的总金额的几分之几？请把结果化为最简分数。

4个孩子花费的总金额占带到主题公园的总金额的＿＿＿＿＿＿。

运动员	跑步距离（千米）
小艾	6.78
莎莎	5.23
娜娜	7.91
乐乐	5.84
明明	10.37
小北	8.19

请降序排列他们的跑步距离。

_____ , _____ , _____ , _____ , _____ , _____

小艾、小北和莎莎一共跑了多少米?

娜娜比乐乐多跑多少米?

小北用了一个半小时跑完表中所示的距离。如果他在整个过程中以相同的速度跑，那么他每分钟跑多少米？

所有运动员跑过的总距离是多少米？

参考答案

（有的题目答案、解题方法不唯一，正确即可。）

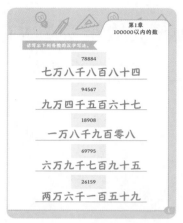

第1章 100000以内的数

请写出下列各数的汉字写法。

78884
七万八千八百八十四

94567
九万四千五百六十七

18908
一万八千九百零八

69795
六万九千七百九十五

26159
两万六千一百五十九

p.1

哪个数是由3个万、5个千、6个百、0个十和1个一组成？

35601

请完成下列表格。

84718				
万位	千位	百位	十位	个位
8	4	7	1	8

73024				
万位	千位	百位	十位	个位
7	3	0	2	4

用"<"或"="或">"填空。

56890 < 56893

99899 = 99899

62947 > 62912

请按要求写出各数。

将35695四舍五入到十位。

35700

将67784分别四舍五入到百位和千位。

四舍五入到百位： 67800

四舍五入到千位： 68000

p.2   p.3

第2章 加法

小文正在想一个五位数，请根据下面的描述在横线上写出这个数。
百位上的数是0。
千位上的数是百位上的数和4的乘积。
个位上的数比千位上的数少5。
万位上的数和个位上的数相同。
十位上的数小于百位上的数且大于0。

38213

请按降序排列下列各数。

35219 56789 34567 23456 23465

56789, 35219, 34567, 23465, 23456

请找出规律，然后填一填。

57717, 57720 , 57723, 57726 , 57729 , 57732

第一算。

15367+29456= 44823

23456+34567= 58023

49012+9879= 58891

56789+6456= 63245

p.4   p.5

将下列各数先四舍五入到百位再计算，请写清计算过程。

45678+10091 = 55800
45700+10100=55800

7844+45310= 53100
7800+45300=53100

96976+874= 97900
97000+900=97900

10987+52413+29144 = 92500
11000+52400+29100=92500

68536+19367+9439= 97300
68500+19400+9400=97300

63255+21321+1256 = 85900
63300+21300+1300=85900

p.6   p.7

下表显示了居住在不同地区的人数，请根据表格回答问题。

地区	人数
蓝土镇	19369
红石镇	23704
青山镇	5107
黄镇	8150
紫镇	1387
棕城	46106
橙村	2375

写出人数最少和人数最多的地区名称。

人数最少： 紫镇   人数最多： 棕城

蓝土镇、棕城和青山镇一共住了多少人？
19369+46106+5107=
70582（人）
蓝土镇、棕城和青山镇一共住了 70582 人。

住在红石镇的人比住在蓝土镇和橙村的人加起来还要多多少？
19369+2375=21744（人）
23704-21744=1960（人）
住在红石镇的人比住在蓝土镇和橙村的人
加起来还要多 1960 人。

表格中列出的所有地区一共有多少人居住？
19369+23704+5107+8150+1387+
46106+2375=106198（人）
表格中列出的所有地区一共有 106198 人居住。

p.8   p.9

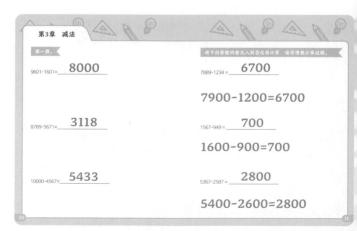

第3章 减法

第一算。

9601-1601： 8000

8789-5671： 3118

10000-4567： 5433

将下列各数四舍五入到百位再计算，请写清计算过程。

7889-1234： 6700
7900-1200=6700

1567-949： 700
1600-900=700

5367-2587： 2800
5400-2600=2800

p.10   p.11

5650-1357 = 　4300

5700-1400=4300

3579-2468 = 　1100

3600-2500=1100

5791-4680 = 　1100

5800-4700=1100

p.12

下表显示了从A地飞往各个城市的飞机票价格，请根据表格回答问题。

城市	飞机票价格
甲地	3693 元
乙地	4707 元
丙地	2604 元
丁地	1098 元
戊地	6805 元

去哪个城市的飞机票最便宜？

丁地

去哪个城市的飞机票最贵？

戊地

p.13

小梅前往丙地找她的祖母，从祖母家回来后又去了丁地见朋友。
去丙地的飞机票比去丁地的贵了多少元？
2604-1098=1506（元）

去丙地的飞机票比去丁地的贵了 　1506 　元。

周六，小米从甲地去丁地玩，小宝从A地去乙地玩。小宝比小米多花了多少元买飞机票？（只考虑单程）
4707-3693=1014（元）

小宝比小米多花了 　1014 　元买飞机票。

小雷的父亲经常出差工作。8月，他从A地去了乙地3次，丙地4次，甲地5次，戊地2次。小雷的父亲8月去这些地方买机票一共花多少元？（只考虑单程）
4707×3=14121（元），2604×4=10416（元）
3693×5=18465（元），6805×2=13610（元）
14121+10416+18465+13610=56612（元）

小雷的父亲8月去这些地方买机票一共花了 　56612 　元。

p.14

小雷的父亲有一张航空公司的会员卡，可以让他享受半价折扣。打完折后他总共要付多少元？
56612÷2=28306（元）

打完折后他总共要付 　28306 　元。

小珍在假期从A地分别去了甲地和乙地旅游。小强在假期从A地去了丙地和丁地旅游。小珍比小强多花了多少元买飞机票？（只考虑单程）
3693+4707=8400（元）
2604+1098=3702（元）
8400-3702=4698（元）

小珍比小强多花了 　4698 　元买飞机票。

p.15

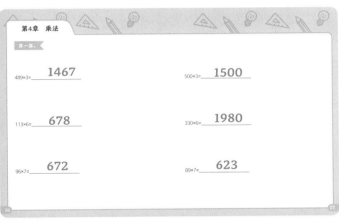

第4章 乘法

算一算。

489×3= 　1467

113×6= 　678

96×7= 　672

500×3= 　1500

330×6= 　1980

89×7= 　623

p.16

p.17

计算。

计算36和37的乘积，先将两个数四舍五入到十位，然后得出估算结果。

36×37 ≈ 40×40=1600

计算36和37的乘积，估算结果和实际得数相差多少？

36×37=1332
1600-1332=268

p.18

算一算。

256×15= 　3840

438×18= 　7884

321×12= 　3852

p.19

下表显示了超市销售的部分商品的重量，请根据表格回答问题。

商品	重量
鸡蛋	50克/枚
猕猴桃	90克/个
橙汁	225克/瓶
菠萝	850克/个
鸡	1500克/只
鱼	370克/条

莎莎买了20个菠萝。菠萝的总重量是多少克？

850×20=17000（克）

菠萝的总重量是 　17000 　克。

p.20

小梅买了7盒鸡蛋。每盒包含12枚鸡蛋。她购买的鸡蛋的总重量是多少？

7×12=84（枚）
84×50=4200（克）

她购买的鸡蛋的总重量是 　4200 　克。

彬彬买了9瓶橙汁和5个猕猴桃。彬彬购买的物品的总重量是多少？

225×9=2025（克）
90×5=450（克）
2025+450=2475（克）

彬彬购买的物品的总重量是 　2475 　克。

p.21

小萝买了3个菠萝和4条鱼。3个菠萝比4条鱼重多少？

850×3=2550（克）
370×4=1480（克）
2550-1480=1070（克）

3个菠萝比4条鱼重 　1070 　克。

如果1500克鸡肉的价格为90元，买100克鸡肉需要花多少元？

1500÷100=15
90÷15=6（元）

买100克鸡肉需要花 　6 　元。

p.22

莎莎买了5条鱼，5个菠萝和3只鸡。莎莎购买物品的总重量是多少？

370×5=1850（克）
850×5=4250（克）
1500×3=4500（克）
1850+4250+4500=10600（克）

莎莎购买物品的总重量是 　10600 　克。

p.23

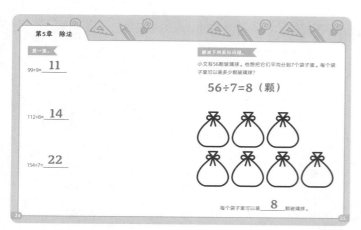

第5章 除法

算一算
99÷9= **11**
112÷8= **14**
154÷7= **22**

解决下列实际问题。

小文有56颗玻璃球。他想把它们平均分到7个袋子里。每个袋子里可以装多少颗玻璃球？

$$56÷7=8（颗）$$

每个袋子里可以装 **8** 颗玻璃球。

p.24   p.25

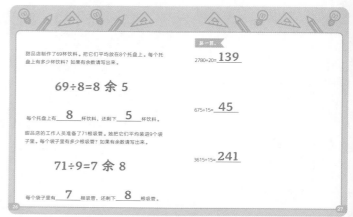

甜品店制作了69杯饮料。把它们平均放在8个托盘上。每个托盘上有多少杯饮料？如果有余数请写出来。

$$69÷8=8 \text{ 余 } 5$$

每个托盘上有 **8** 杯饮料，还剩下 **5** 杯饮料。

甜品店的工作人员准备了71根吸管。她想把它们平均装进9个袋子里。每个袋子里有多少根吸管？如果有余数请写出来。

$$71÷9=7 \text{ 余 } 8$$

每个袋子里有 **7** 根吸管，还剩下 **8** 根吸管。

算一算
2780÷20= **139**
675÷15= **45**
3615÷15= **241**

p.26   p.27

将下列各数四舍五入到十位再计算，请写清楚计算过程。

4654÷13= **465**
$$4650÷10=465$$

675÷16= **34**
$$680÷20=34$$

7853÷45= **157**
$$7850÷50=157$$

将下列各数四舍五入到百位再计算，请写清楚计算过程。

7090÷56= **71**
$$7100÷100=71$$

6429÷138= **64**
$$6400÷100=64$$

10488÷279= **35**
$$10500÷300=35$$

p.28   p.29

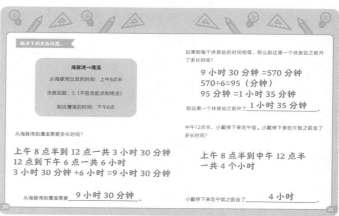

解决下列实际问题。

海豚湾→鹰溪

从海豚湾出发的时间：上午8点半
休息站数：5（不包含起点和终点）
到达鹰溪的时间：下午6点

从海豚湾到鹰溪需要多长时间？

上午8点半到12点一共3小时30分钟
12点到下午6点一共6小时
3小时30分钟+6小时=9小时30分钟

从海豚湾到鹰溪需要 **9小时30分钟**。

如果到每个休息站的时间相等，那么到达第一个休息站之前用了多长时间？

9小时30分钟=570分钟
570÷6=95（分钟）
95分钟=1小时35分钟

到达第一个休息站之前用了 **1小时35分钟**。

中午12点半，小戴停下来吃午饭。小戴停下来吃午饭之前走了多长时间？

上午8点半到中午12点半一共4个小时

小戴停下来吃午饭之前走了 **4小时**。

p.30   p.31

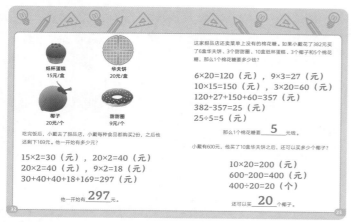

纸杯蛋糕 15元/盒
华夫饼 20元/盒
椰子 20元/个
甜甜圈 9元/个

吃完饭后，小戴去了甜品店。小戴每种食品都购买2份，之后他还剩下169元。他一开始有多少元？

15×2=30（元），20×2=40（元）
20×2=40（元），9×2=18（元）
30+40+40+18+169=297（元）

他一开始有 **297** 元。

这家甜品店还卖菜单上没有的棉花糖。如果小戴花了382元买了6盒华夫饼、3个甜甜圈、10盒纸杯蛋糕、3个椰子和5个棉花糖，那么1个棉花糖要多少钱？

6×20=120（元），9×3=27（元）
10×15=150（元），3×20=60（元）
120+27+150+60=357（元）
382-357=25（元）
25÷5=5（元）

那么1个棉花糖要 **5** 元钱。

小戴有600元。他买了10盒华夫饼之后，还可以买多少个椰子？

10×20=200（元）
600-200=400（元）
400÷20=20（个）

还可以买 **20** 个椰子。

p.32   p.33

第6章 小数

请将下列小数化成最简分数。

0.85= **17/20**
0.69= **69/100**

请将下列分数化成小数。

4/5= **0.8**
3/10= **0.3**

用"<"或">"填空。

0.74 **>** 0.68
0.39 **<** 0.95
0.60 **<** 0.66
0.81 **>** 0.52

算一算
57.89+60.11= **118**
31.24+62.59= **93.83**

p.34   p.35

p.36 / p.37

156.78+98.09= **254.87**

73.46-43.48= **29.98**

45.6×7= **319.2**

51.6÷3= **17.2**

根据下列内容答问题。

运动日
你在等什么？一起运动吧！

爬山
总距离：15.81千米
休息点：2个

游泳
总距离：520米
组队人数：5人

骑自行车
总距离：14.7千米
组队人数：7人

p.38 / p.39

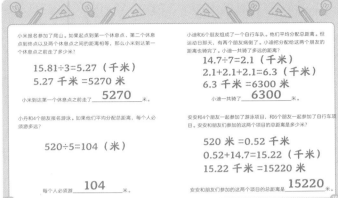

小米报名参加了爬山。如果起点到第一个休息点、第二个休息点以及两个休息点之间走的距离相等，那么小米到达第一个休息点之前走了多少米？

15.81÷3=5.27（千米）
5.27千米=5270米

小米到达第一个休息点之前走了 **5270** 米。

小丹和4个朋友报名游泳。如果他们平均分配总距离，每个人必须游多远？

520÷5=104（米）

每个人必须游 **104** 米。

小迪和6个朋友组成了一个自行车队。他们平均分配总距离。但运动日那天，有两个朋友病倒了。小迪分配给这两个朋友的距离也骑完了。小迪一共骑了多远的距离？

14.7÷7=2.1（千米）
2.1+2.1+2.1=6.3（千米）
6.3千米=6300米

小迪一共骑了 **6300** 米。

安安和4个朋友一起参加了游泳项目，和6个朋友一起参加了自行车项目。安安和朋友们参加的这两个项目的总距离是多少米？

520米=0.52千米
0.52+14.7=15.22（千米）
15.22千米=15220米

安安和朋友们参加的这两个项目的总距离是 **15220** 米。

p.40

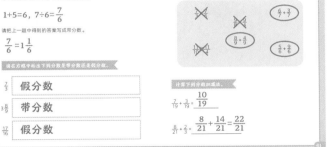

第7章 分数

小美和5个朋友一起吃7个比萨。

每个人会得到多少比萨？请写成假分数。

$1+5=6$, $7÷6=\frac{7}{6}$

请把上一题中得到的答案写成带分数。

$\frac{7}{6}=1\frac{1}{6}$

请在方框中标出下列分数是带分数还是假分数。

$\frac{7}{3}$ 假分数

$3\frac{8}{9}$ 带分数

$\frac{17}{16}$ 假分数

p.41

请圈出分母相同的分数组、再框出分子相同的分数组。

$\frac{6÷7}{}$ $\boxed{\frac{8+4}{9}}$ $\frac{5÷6}{}$

计算下列分数的加减法。

$\frac{7}{19}+\frac{3}{19}=\frac{10}{19}$

$\frac{8}{21}+\frac{2}{3}=\frac{8}{21}+\frac{14}{21}=\frac{22}{21}$

p.42

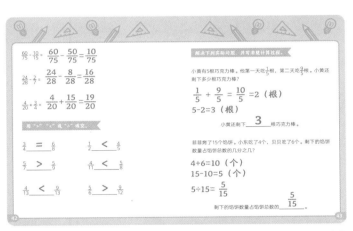

$\frac{60}{75} - \frac{10}{15} = \frac{60}{75} - \frac{50}{75} = \frac{10}{75}$

$\frac{24}{28} \div \frac{2}{7} = \frac{24}{28} - \frac{8}{28} = \frac{16}{28}$

$\frac{4}{20} + \frac{3}{4} = \frac{4}{20} + \frac{15}{20} = \frac{19}{20}$

每个"="或"<"或">"填空

$\frac{3}{4} = \frac{6}{8}$　　$\frac{1}{2} < \frac{4}{5}$

$\frac{5}{7} > \frac{5}{9}$　　$\frac{1}{4} < \frac{5}{8}$

$\frac{4}{13} < \frac{9}{13}$　　$\frac{7}{9} > \frac{9}{12}$

p.43

解决下列实际问题，并写出完整计算过程。

小黄有5根巧克力棒。他第一天吃了$\frac{1}{5}$，第二天吃了$\frac{9}{5}$。小黄还剩多少根巧克力棒？

$\frac{1}{5} + \frac{9}{5} = \frac{10}{5} = 2$（根）
5-2=3（根）

小黄还剩下 **3** 根巧克力棒。

菲菲烤了15个馅饼。小东吃了4个，贝贝吃了6个。剩下的馅饼数量占馅饼总数的几分之几？

4+6=10（个）
15-10=5（个）
$5÷15=\frac{5}{15}$

剩下的馅饼数量占馅饼总数的 $\frac{5}{15}$。

p.44

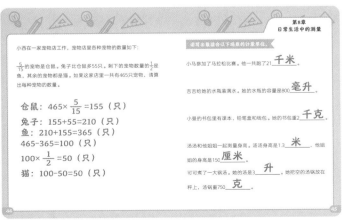

小西在一家宠物店工作，宠物店里各种宠物的数量如下：

$\frac{7}{15}$的宠物是仓鼠。兔子比仓鼠多55只。剩下的宠物数量的$\frac{1}{2}$是鱼，其余的都是猫。如果这家店里一共有465只宠物，请算出每种宠物的数量。

仓鼠：$465×\frac{5}{15}=155$（只）
兔子：155+55=210（只）
鱼：210+155=365（只）
465-365=100（只）
$100×\frac{1}{2}=50$（只）
猫：100-50=50（只）

p.45

第8章 日常生活中的测量

请写出最适合以下场景的计量单位。

小马参加了马拉松比赛。他一共跑了21 **千米**。

吉吉给她的水瓶装满水。她的水瓶的容量是800 **毫升**。

小曼的书包里有课本、铅笔盒和钱包。她的书包重2 **千克**。

汤汤和他姐姐一起测量身高。汤汤身高是1.3 **米**，他姐姐的身高是150 **厘米**。

可可煮了一大锅汤。她的汤是3 **升**。她把空的汤锅放在秤上，汤锅重750 **克**。

p.46 / p.47

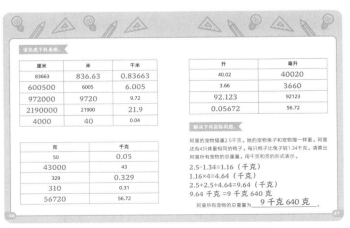

请完成下列表格。

厘米	米	千米
83663	836.63	0.83663
600500	6005	6.005
972000	9720	9.72
2190000	21900	21.9
4000	40	0.04

克	千克
50	0.05
43000	43
329	0.329
310	0.31
56720	56.72

升	毫升
40.02	40020
3.66	3660
92.123	92123
0.05672	56.72

解决下列实际问题。

阿曼的宠物猫重2.5千克。她的宠物兔子和宠物猫一样重。阿曼还有一只体重相同的鸭子。每只鸭子比兔子重1.34千克。请算出阿曼所有宠物的总重量。用千克和克的形式表示。

2.5-1.34=1.16（千克）
1.16×4=4.64（千克）
2.5+2.5+4.64=9.64（千克）
9.64千克=9千克640克

阿曼所有宠物的总重量是 **9千克640克**。

p.48

菲菲从家步行6.3千米到学校。放学后，菲菲又去了游泳馆，然后回到学校看她的老师。之后她踏上了回家的路。如果菲菲从学校到游泳馆的距离和她从家到学校的距离相等，菲菲走过的总距离是多少？

6.3+6.3+6.3+6.3=25.2（千米）

菲菲走过的总距离是 25.2 千米。

小琳买了奶茶、苹果汁、橙汁、柠檬水四种饮料。奶茶的容量是苹果汁容量的 $\frac{1}{2}$。苹果汁的容量等于橙汁的容量。橙汁的容量是柠檬水容量的3倍。如果柠檬水的容量是2.4L，求所有饮料的总容量。用L和mL的形式表示。

2.4×3=7.2（L）

7.2× $\frac{1}{2}$ =3.6（L）

2.4+7.2+7.2+3.6=20.4（L）

20.4L=20L400mL

所有饮料的总容量是 20L400mL。

p.49

小葵的床宽1.7m，长2.3m。桌子的宽度比床的宽度短1.2m，而桌子长度比床的长度短1.7m。求床和桌子的总面积。

1.7×2.3=3.91（m²）

2.3-1.7=0.6（m）

1.7-1.2=0.5（m）

0.6×0.5=0.3（m²）

3.91+0.3=4.21（m²）

床和桌子的总面积是 4.21m²。

求下列房间的面积。

75×28=2100（平方厘米）

p.50

求下列图形的周长。

32×32=1024（平方厘米）

68×27=1836（平方厘米）

27×27=729（平方厘米）

1836+729=2565（平方厘米）

p.51

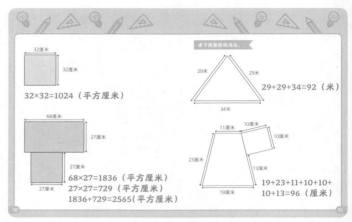

29+29+34=92（米）

19+23+11+10+10+10+13=96（厘米）

p.52

求下列图形的面积。

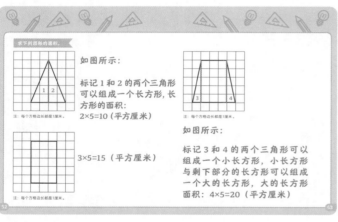

如图所示：

标记1和2的两个三角形可以组成一个长方形，长方形的面积：

2×5=10（平方厘米）

注：每个方格边长都是1厘米。

3×5=15（平方厘米）

注：每个方格边长都是1厘米。

p.53

如图所示：

标记3和4的两个三角形可以组成一个小长方形，小长方形与剩下部分的长方形可以组成一个大的长方形，大的长方形面积：4×5=20（平方厘米）

注：每个方格边长都是1厘米。

p.54

第9章 比例尺

请画出太大无法按实际尺寸在A4纸上画出来的物体。

p.55

解决下列实际问题。

小杰在纸上画了一只身长10厘米的熊。如果熊的实际身长是1.5米，求小杰画图的比例尺。

1.5 米 =150 厘米

10÷150=1:15

小杰画图的比例尺是 1:15。

小布有一个高度为0.8米的花瓶。她用1:5的比例在纸上画出了这个花瓶。小布在纸上画出的花瓶的高度是多少？

0.8 米 =80 厘米

80÷5=16（厘米）

小布在纸上画出的花瓶的高度是 16 厘米。

p.56

公园里的雕像高2.17米。如果小丽用1:7的比例在她的速写本上画出雕像，她画出的雕像的高度是多少？

2.17 米 =217 厘米

217÷7=31（厘米）

她画出的雕像的高度是 31 厘米。

请在方框里写出按校长给出的比例尺绘制的雕像的长和高。

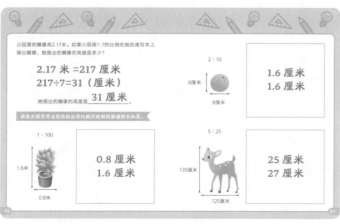

1:100
0.8 厘米
1.6 厘米

p.57

2:10
1.6 厘米
1.6 厘米

5:25
25 厘米
27 厘米

p.58

第10章 时间

1:10
1.5 厘米
1 厘米

4:28
10 厘米
10 厘米

p.59

请用24时计时法表示下列时间。

彬彬的钢琴课每周二下午6:30开始。

18:30

周六晚上10点37分，小莉回到家。

22:37

小雪每周日下午2:45和晚上8:49观看她最喜欢的电视节目。

14:45，20:49

p.60

请用24时计时法表示下面时钟上显示的下午和晚上的时间。

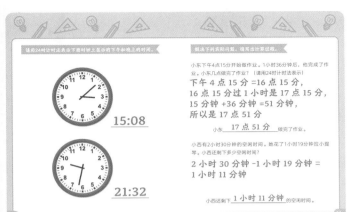

15:08

21:32

p.61

解决下列实际问题，请写出计算过程。

小东下午4点15分开始做作业。1小时36分钟后，他完成了作业。小东几点做完了作业？（请用24时计时法表示）

下午 4 点 15 分 =16 点 15 分，
16 点 15 分过 1 小时是 17 点 15 分，
15 分钟 +36 分钟 =51 分钟，
所以是 17 点 51 分

小东 __17 点 51 分__ 做完了作业。

小西有2小时30分钟的空闲时间。她花了1小时19分钟拉小提琴。小西还剩下多少空闲时间？

2 小时 30 分钟 -1 小时 19 分钟 =
1 小时 11 分钟

小西还剩下 __1 小时 11 分钟__ 的空闲时间。

p.62

小北每天有4小时19分钟的空闲时间。他一周有多少空闲时间？

4 小时 19 分 =259 分钟
259 分钟 ×7=1813 分钟
1813 分钟 =30 小时 13 分钟

他一周有 __30 小时 13 分钟__ 的空闲时间。

莉莉有6小时33分钟的时间做作业。如果她想做完3个不同科目的作业，且每个科目的作业需要的时间相同。每个科目她要做多长时间？

6 小时 33 分钟 =393 分钟
393÷3=131 （分钟）
131 分钟 =2 小时 11 分钟

每个科目她要做 __2 小时 11 分钟__ 。

p.63

小朱在下午1点57分上了一列火车。如果到第一个城镇需要4小时45分钟，从第一个城镇到第二个城镇需要2小时38分钟，那么小朱什么时间到达第二个城镇？（请用24时计时法表示）

1 点 57 分过 4 小时是 5 点 57 分，
57 分钟 +45 分钟 =102 分 =1 小时 42 分钟，
所以 6 点 42 分到达第一个城镇
6 点 42 分过 2 小时是 8 点 42 分，
42 分钟 +38 分钟 =80 分 =1 小时 20 分钟，
所以是 9 点 20 分，变成 24 时计时法
为 21 点 20 分

小朱 __21 点 20 分__ 到达第二个城镇。

请根据行程图完成下列题目。

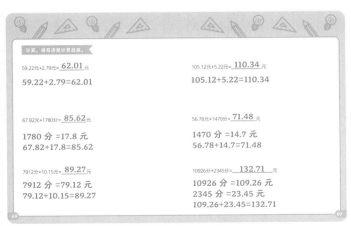

p.64

如果程程在上午10：15离开家，需要2小时30分钟才能到达砖桥，程程几点到砖桥？
10 点 15 分过 2 时是 12 点 15 分，
15 分钟 +30 分钟 =45 分钟，所以是 12 点 45 分

程程从家到砖桥的行进速度是 __12 千米 / 时__ 。

已知速度等于路程除以时间，程程从家到砖桥的路程是30千米，程程从家到砖桥的行进速度是多少？
2 小时 30 分钟 =2.5 小时
30÷2.5=12 （千米 / 时）

程程继续以相同的速度从砖桥向新月城行进。他什么时候到达新月城？

时间 = 路程 ÷ 速度
15+21=36 （千米）
36÷12=3 （小时）
12 点 45 分过 3 小时是 15 点 45 分

他 __15 点 45 分__ 到达新月城。

p.65

程程在新月城休息了1小时24分钟。然后，他继续以相同的速度前往豪华农场。程程什么时候到达豪华农场？

15 点 45 分过 1 小时是 16 点 45 分，
45 分钟 +24 分钟 =69 分 =1 小时 09 分，
所以是 17 点 09 分

他 __17 点 09 分__ 到达豪华农场。

如果程程的行进速度不变，程程在晚上8：12回到家，那么豪华农场和程程家之间的距离是多少？

8 点 12 分 =20 点 12 分
17 点 51 分到 19 点 51 分之间是 2 小时，
19 点 51 分到 20 点 12 分之间是 9 分钟，
9 分钟 +12 分钟 =21 分钟，
一共是 2 小时 21 分钟
2 小时 21 分钟 =2.35 小时
2.35×12=28.2 （千米）

豪华农场和程程家之间的距离是 __28.2 千米__ 。

p.66

第11章 货币

单位换算。

3元=__300__分

5角9分=__59__分

78分=__7__角__8__分

解决下列实际问题。

小伟有50元。它们都是面额为5分的硬币。小伟有多少个5分硬币？

50 元 =500 角 =5000 分
5000÷5=1000 （个）

小伟有 __1000__ 个5分硬币。

p.67

菲菲有54.24元。小珍有2026分。菲菲的钱比小珍的多多少？

2026 分 =20.26 元
54.24-20.26=33.98 （元）
33.98 元 =33 元 9 角 8 分

菲菲的钱比小珍的多 __33__ 元 __9__ 角 __8__ 分。

小丹有99.57元。她买零食花了5679分。小丹还剩多少元？

5679 分 =56.79 元
99.57-56.79=42.78 （元）

小丹还剩 __42.78__ 元。

p.68

计算。请写清楚计算过程。

59.22元+2.79元=__62.01__元
59.22+2.79=62.01

67.82元+1780分=__85.62__元
1780 分 =17.8 元
67.82+17.8=85.62

7912分+10.15元=__89.27__元
7912 分 =79.12 元
79.12+10.15=89.27

105.12元+5.22元=__110.34__元
105.12+5.22=110.34

56.78元+1470分=__71.48__元
1470 分 =14.7 元
56.78+14.7=71.48

10926分+2345分=__132.71__元
10926 分 =109.26 元
2345 分 =23.45 元
109.26+23.45=132.71

p.69

（见 p.68）

p.70

请根据下图回答问题。

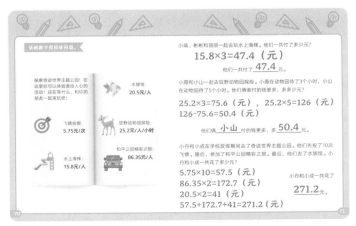

p.71

小瑞、彬彬和丽丽一起去玩水上滑梯。他们一共付了多少元？

15.8×3=47.4 （元）

他们一共付了 __47.4__ 元。

小薇和小山一起去狂野动物园探险。小薇在动物园待了3个小时，小山在动物园待了5个小时。他们俩谁付的钱更多，多多少元？

25.2×3=75.6 （元）， 25.2×5=126 （元）
126-75.6=50.4 （元）

他们俩 __小山__ 付的钱多，多 __50.4__ 元。

小丹和小成在学校放假期间去了奇迹世界主题公园。他们先玩了10次飞镖，随后，参加了和平公园精彩之旅。最后，他们去了水族馆。小丹和小成一共花了多少元？

5.75×10=57.5 （元）
86.35×2=172.7 （元）
20.5×2=41 （元）
57.5+172.7+41=271.2 （元）

小丹和小成一共花了 __271.2__ 元。

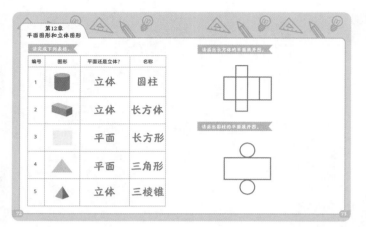

p.72

p.73

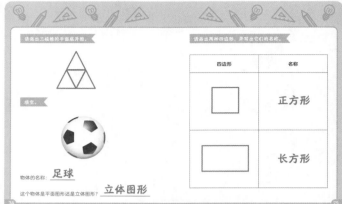

p.74

p.75

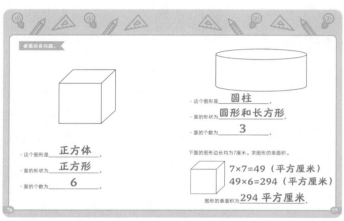

p.76

p.77

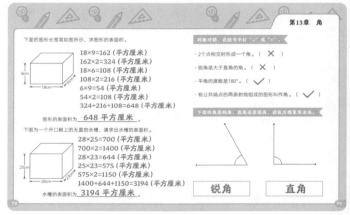

p.78

p.79

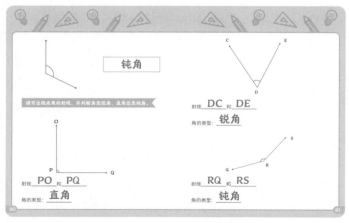

p.80

p.81

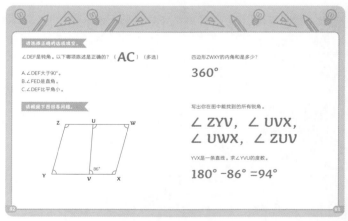

p.82

p.83

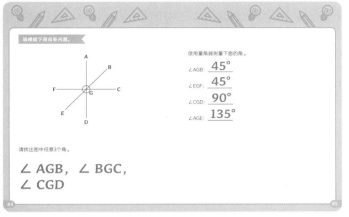

p.84   p.85

p.86   p.87

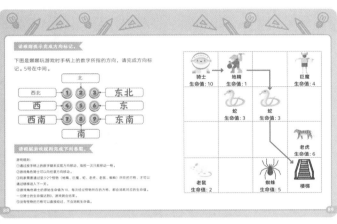

p.88   p.89

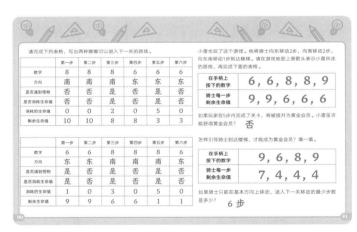

p.90   p.91

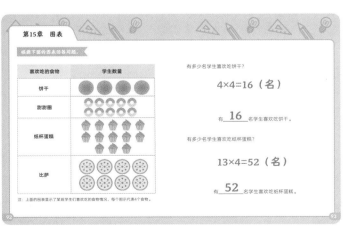

p.92   p.93

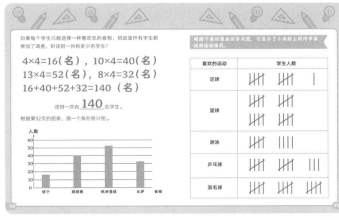

p.94   p.95

p.96

喜欢篮球的学生比喜欢足球的学生多多少名？

4×5=20（名）
5+5+1=11（名）
20-11=9（名）

喜欢游泳的学生比喜欢乒乓球的学生少多少名？

5+4=9（名）
5+5+3=13（名）
13-9=4（名）

喜欢篮球、乒乓球和足球的学生一共有多少名？

20+13+11=44（名）

喜欢羽毛球的学生比喜欢足球的学生多4名。请把上面的图表补充完整。

p.97

下表是小朱放暑假期间星期一到星期五的时间表，请根据时间表回答问题。

时间	星期一	星期二	星期三	星期四	星期五
9：00~10：00	慢跑	慢跑	看画展		写作业
10：00~11：00	写作业	去水族馆	去购物	写作业	去博物馆
11：00~12：00	游泳课	写作业	写作业	打篮球	去购物
12：00~13：00	午休	午休	午休	午休	午休
13：00~14：00	写作业	读书	写作业	写作业	读书
14：00~15：00	读书	写作业		踢足球	游泳课
15：00~16：00	写作业	游泳课	读书	去水族馆	写作业
16：00~17：00	看电视	看电视	看电视	看电影	看电影
17：00~18：00	晚餐时间	晚餐时间	晚餐时间	晚餐时间	晚餐时间

p.98

小朱这一周花了多少时间来写作业？

1+1+1+1+1+1+1+1+1=11（小时）

小朱这一周花了 __11 个小时__ 来写作业。

小朱这一周一共花了多少时间看电视、电影和读书？

1+1+1=3（小时），1+1=2（小时）
1+1+1+1=5（小时），3+2+5=10（小时）

小朱这一周一共花了 __10 个小时__ 看电视、电影和读书。

请找出一周内小朱做得最多的活动和小朱做得最少的活动，以及他一共花了多少时间做这些活动。

做得最多的活动是写作业，花了 11 个小时
做得最少的活动是看画展、打篮球和去博物馆，分别花了 1 个小时
11+1+1+1=14（小时）

p.99

小朱这一周内花了多长时间做运动？

1+1+1=3（小时）
1+1=2（小时）
1+1=2（小时）
1+2+2+3=8（小时）

小朱这一周内花了 __8 个小时__ 做运动。

小朱这一周内午休和晚餐一共花了多长时间？

1+1+1+1+1=5（小时）
1+1+1+1+1=5（小时）
5+5=10（小时）

一共花了 __10 个小时__。

p.100

综合练习

将下面的小数转换为分数，并把分数化为最简分数。

$0.75 = \frac{75}{100} = \frac{3}{4}$

$1.36 = 1\frac{36}{100} = 1\frac{9}{25}$

$3.90 = 3\frac{9}{10}$

将下面的分数转换为小数。

$\frac{4}{5}$ = __0.8__

$\frac{2}{20}$ = __0.1__

$\frac{12}{8}$ = __1.5__

p.101

完成下列问题。

求0.38和1.42的和。然后把结果转换为最简分数。

0.38+1.42=1.8

$1.8 = 1+0.8 = 1+\frac{4}{5} = 1\frac{4}{5}$

波波睡了459分钟。如果他在上午10点47分入睡，他几点起床？

459 分钟 =7 小时 39 分钟，10 点 47 过
7 小时是 17 点 47 分，47 分钟 +39 分钟 =
86 分钟 =1 小时 26 分钟，也就是 17 点过
1 小时 26 分钟，所以是 18 点 26 分

p.102

解决下列实际问题。

小杰的铅笔盒长34厘米，宽11厘米。他把铅笔盒画在纸上，长度为8.5厘米。小杰画出的铅笔盒的长度和铅笔盒实际长度的比是多少？

8.5÷34=85÷340=1:4

小杰画出的铅笔的长度和铅笔盒实际长度的比是 __1:4__。

小杰在纸上画了他的水瓶，图的水瓶的高度和水瓶实际高度的比是1：5。如果他图的水瓶高度是7.5厘米，请计算出水瓶的实际高度。

7.5×5=37.5（厘米）

他的水瓶的实际高度是 __37.5 厘米__。

p.103

小刚测量了门口花瓶的高度是58厘米，花瓶的宽度是它高度的$\frac{1}{4}$。花瓶的宽度是多少？结果请用带分数形式表示。

$58 × \frac{1}{4} = \frac{58}{4} = 14\frac{1}{2}$（厘米）

花瓶的宽度是 $14\frac{1}{2}$ 厘米。

小明把一根树干画在本子上，比例尺是1：80。树干的高度和宽度分别为3.7米和0.8米，绘制的树干的长和宽分别是多少？

3.7 米 =370 厘米
0.8 米 =80 厘米
长：370÷80=4.625（厘米）
宽：80÷80=1（厘米）

绘制的树干的长和宽分别是 __4.625 厘米和 1 厘米__。

p.104

莎莎有4个1元和9个1角。莎莎的钱换成角是多少角？

4 元 =40 角
40+9=49（角）

莎莎的钱换算成角是 __49__ 角。

珠珠有75.95元，花花有217分。珠珠比花花多多少元？

217 分 =2.17 元
75.95-2.17=73.78（元）

珠珠比花花多了 __73.78__ 元。

小舒有1张10元纸币和89个1分的硬币。大卫比小舒多出了7元和40分。大卫和小舒一共有多少元？

89 分 =0.89 元
10+0.89=10.89（元）
40 分 =0.4 元
7+0.4=7.4（元）
10.89+7.4=18.29（元）
10.89+18.29=29.18（元）

大卫和小舒一共有 __29.18__ 元。

p.105

小华有20元，其中有10个1元硬币、7个5角硬币、14个5分硬币，其余的是1角硬币。小华有多少个1角硬币？

10×1=10（元），5 角是 0.5 元，0.5×7=3.5（元）
5 分 =0.05 元，0.05×14=0.7（元）
10+3.5+0.7=14.2（元），20-14.2=5.8（元），
5.8 元 =58 角，58÷1=58（个）

小华有 __58__ 个1角硬币。

周六，小雷慢跑了4.96千米。周日，他跑的距离是周六的2倍。周一，他慢跑的距离是周六跑得距离的$\frac{1}{4}$。他一共慢跑了多少距离？

4.96×2=9.92（千米）

$4.96 × \frac{1}{4} = 1.24$（千米）

4.96+9.92+1.24=16.12（千米）

他一共慢跑了 __16.12__ 千米。

p.106

甲乙两地之间的距离是40.5千米。乙地到丙地之间的距离是甲地到乙地距离的$\frac{2}{3}$。丙地到丁地之间的距离是乙地到丙地之间的距离加5.6千米。丁地到甲地的距离是甲地到乙地之间距离的$\frac{2}{5}$。小丹从甲地出发到乙地，再到丙地，再到丁地，最后回到甲地，一共走了多少距离？

$40.5 × \frac{2}{3} = 27$（千米）

40.5+5.6=46.1（千米）

$40.5 × \frac{2}{5} = 16.2$（千米）

40.5+27+46.1+16.2=129.8（千米）

一共走了 __129.8__ 千米。

家具	价格
桌子	590元
椅子	335元
床	3787元

p.107

一张桌子和一张床的总价格是多少？

590+3787=4377（元）

一张桌子和一张床的总价格是 __4377__ 元。

量量有9710元。她买了两把椅子和一张床后还剩下多少钱？

335×2=670（元）
670+3787=4457（元）
9710-4457=5253（元）

量量还剩下 __5253__ 元。

请根据下面的图形作答。

---

p.108

如图所示，求两张床的总周长。

250+250+150+150=800（厘米）
220+220+130+130=700（厘米）
700+800=1500（厘米）

两张床的总周长是 **1500** 厘米。

求床A和B的面积。哪张床的面积更大，大多少？

250×150=37500（平方厘米）
220×130=28600（平方厘米）
37500-28600=8900（平方厘米）

床A 面积更大，大 **8900** 平方厘米。

---

p.109

解决下列实际问题。

周末莉莉早上9点15分起床。上午10点47分，她整理完毕，离开家和朋友一起去购物。莉莉整理用了多长时间？

9点15分到10点15分之间是1小时，
47分钟 -15分钟 =32分钟，
一共是 1小时32分钟

莉莉整理用了 **1小时32分** 钟。

莉莉下午2点27分买完东西。莉莉用了多长时间购物？转换成分钟。

2点27分 =14点27分
10点47分到13点47分之间是3小时，
13点47分到14点之间是13分钟，
13分钟 + 27分钟 =40分钟
一共是 3小时40分钟
3小时40分钟 =220分钟

莉莉用了 **220** 分钟购物。

---

p.110

莉莉在购物中心花了45分钟吃了个午餐，然后回家。从购物中心到莉莉家需要花费1小时39分钟，莉莉下午几点到家的？

27分钟 +45分钟 =72分钟 =1小时12分钟，
所以是3点12分回家，
3点12分过1小时是4点12分，
12分钟 +39分钟 =51分钟，
所以是4点51分

莉莉下午 **4点51分** 到家的。

回到家后，莉莉看了她最喜欢的电视节目。她看电视花费的时间是她吃午餐的3倍。莉莉下午什么时候看完电视节目的？

45×3=135（分钟）
51分钟 +135分钟 =186分钟 =3小时06分，
所以是7点06分

莉莉下午 **7点06分** 看完电视节目的。

---

p.111

解决下列实际问题。

小艾、贝贝、乐乐和小丹一起去主题公园玩。他们每个人带的钱数量不同。乐乐带了570元到主题公园，一天结束时还剩下20元。小艾花的钱是乐乐的 $\frac{2}{5}$ ，一天结束时还剩下93元。贝贝花的钱是小艾的2倍，最后还剩127元。小丹花费的金额是贝贝和小艾花费的金额的和。他剩下的钱是乐乐带到公园的总金额的 $\frac{1}{10}$ 。小艾、贝贝和小丹分别带了多少元到主题公园？

570-20=550（元），550× $\frac{2}{5}$ =220（元）
220+93=313（元），220×2=440（元）
440+127=567（元），440+220=660（元）
570× $\frac{1}{10}$ =57（元）
660+57=717（元）

小艾、贝贝和小丹分别带了 **313元**、**567元**、**717元** 到主题公园。

---

p.112

小艾、贝贝、乐乐和小丹一共花了多少元？

550+220+440+660=1870（元）

小艾、贝贝、乐乐和小丹一共花了 **1870** 元。

小艾、贝贝、乐乐和小丹花费的总金额占他们带到主题公园的总金额的几分之几？请把结果化为最简分数。

570+313+567+717=2167（元）
1870÷2167= $\frac{1870}{2167}$ = $\frac{170}{197}$

4个孩子花费的总金额占带到主题公园的总金额的 $\frac{170}{197}$ 。

---

p.113

下表显示了几名运动员一次训练中的跑步距离。

运动员	跑步距离（千米）
小艾	6.78
莎莎	5.23
娜娜	7.91
乐乐	5.84
明明	10.37
小北	8.19

请按序排列他们的跑步距离。

10.37、**8.19**、**7.91**、**6.78**、**5.84**、**5.23**

---

p.114

小艾、小北和莎莎一共跑了多少米？

6.78+8.19+5.23=20.2（千米）
20.2千米 =20200米

娜娜比乐乐多跑多少米？

7.91-5.84=2.07（千米）
2.07千米 =2070米

---

p.115

小北用了一个半小时跑完表中所示的距离。如果他在整个过程中以相同的速度跑，那么他每分钟跑多少米？

8.19千米 =8190米
1小时30分钟 =90分钟
8190÷90=91（米）

所有运动员跑过的总距离是多少米？

6.78+5.23+7.91+5.84+
10.37+8.19=44.32（千米）
44.32千米 =44320米

北京市版权局著作合同登记号：图字01-2022-2060

©2021 Alston Education Pte Ltd
The simplified Chinese translation is published by arrangement with Alston Education Pte Ltd through Rightol Media in Chengdu.
Simplified Chinese Translation Copyright ©2022 by Tianda Culture Holdings (China) Limited.

本书中文简体版权独家授予天大文化控股（中国）股份有限公司

图书在版编目（CIP）数据

新加坡数学开心课堂 ：提高版．下，专项训练 ／ 新加坡艾尔斯顿教育出版社主编 ；（新加坡）李慧恩著 ；大眼鸟译． —— 北京 ：台海出版社，2023.10
　　书名原文：Happy Maths 5 Test Papers
　　ISBN 978-7-5168-3635-4

　　Ⅰ．①新… Ⅱ．①新… ②李… ③大… Ⅲ．①数学－儿童读物 Ⅳ．①O1-49

　　中国国家版本馆CIP数据核字(2023)第169369号

新加坡数学开心课堂　提高版（下）专项训练

著　　者：新加坡艾尔斯顿教育出版社　主编　　［新加坡］李慧恩　著　　大眼鸟　译

出 版 人：蔡　旭　　　　　　　　　　　　策划编辑：罗雅琴　　周姗姗
责任编辑：王　萍　　　　　　　　　　　　美术编辑：李向宇

出版发行：台海出版社
地　　址：北京市东城区景山东街20号　　　邮政编码：100009
电　　话：010-64041652（发行、邮购）
传　　真：010-84045799（总编室）
网　　址：www.taimeng.org.cn/thcbs/default.htm
E - mail：thcbs@126.com

经　　销：全国各地新华书店
印　　刷：小森印刷（北京）有限公司
本书如有破损、缺页、装订错误，请与本社联系调换

开　　本：889毫米×1194毫米　　　　　　1/16
字　　数：35千字　　　　　　　　　　　　印　　张：8
版　　次：2023年10月第1版　　　　　　　印　　次：2023年10月第1次印刷
书　　号：ISBN 978-7-5168-3635-4

定　　价：158.00元（全4册）